总主编 伍 江 副总主编 雷星晖

周 琪 陈银广 **审** 苑宏英 **著**

基于酸碱调节的剩余污泥
水解酸化及其机理研究

Hydrolysis and Acidification of Excess Activated Sludge by Acidity and Alkaline Controlling Strategy and the Mechanism

内容提要

本书内容是针对城市污水厂产生的剩余污泥进行的厌氧发酵研究。对剩余污泥进行水解酸化的主要目的是为改善其生化降解性能，溶出较多溶解性COD和产生较高挥发性脂肪酸(VFAs)，它们是增强生物除磷过程的有利基质。为达到此目的，本研究对影响污泥水解酸化的环境因素和操作条件进行了工艺优化研究；对pH 10.0条件下的水解酸化动力学模式进行了研究，建立了经验模式；对碱性条件增强剩余污泥发酵产酸的机理进行了探讨。

图书在版编目(CIP)数据

基于酸碱调节的剩余污泥水解酸化及其机理研究/苑宏英著. —上海：同济大学出版社，2017.8
(同济博士论丛/伍江总主编)
ISBN 978-7-5608-6959-9

Ⅰ. ①基…　Ⅱ. ①苑…　Ⅲ. ①剩余污泥—厌氧处理—研究　Ⅳ. ①X703

中国版本图书馆CIP数据核字(2017)第093239号

基于酸碱调节的剩余污泥水解酸化及其机理研究

周　琪　陈银广　审　　苑宏英　著
出 品 人　华春荣　　责任编辑　吕　炜　胡晗欣
责任校对　徐春莲　　封面设计　陈益平

出版发行　同济大学出版社　　www.tongjipress.com.cn
(地址：上海市四平路1239号　邮编：200092　电话：021-65985622)
经　　销　全国各地新华书店
排版制作　南京展望文化发展有限公司
印　　刷　浙江广育爱多印务有限公司
开　　本　787 mm×1092 mm　1/16
印　　张　11.5
字　　数　230 000
版　　次　2017年8月第1版　　2017年8月第1次印刷
书　　号　ISBN 978-7-5608-6959-9

定　　价　56.00元

"同济博士论丛"编写领导小组

总 序

在同济大学110周年华诞之际，喜闻“同济博士论丛”将正式出版发行，倍感欣慰。记得在100周年校庆时，我曾以《百年同济，大学对社会的承诺》为题作了演讲，如今看到付梓的“同济博士论丛”，我想这就是大学对社会承诺的一种体现。这110部学术著作不仅包含了同济大学近10年100多位优秀博士研究生的学术科研成果，也展现了同济大学围绕国家战略开展学科建设、发展自我特色，向建设世界一流大学的目标迈出的坚实步伐。

坐落于东海之滨的同济大学，历经110年历史风云，承古续今、汇聚东西，秉持“与祖国同行、以科教济世”的理念，发扬自强不息、追求卓越的精神，在复兴中华的征程中同舟共济、砥砺前行，谱写了一幅幅辉煌壮美的篇章。创校至今，同济大学培养了数十万工作在祖国各条战线上的人才，包括人们常提到的贝时璋、李国豪、裘法祖、吴孟超等一批著名教授。正是这些专家学者培养了一代又一代的博士研究生，薪火相传，将同济大学的科学研究和学科建设一步步推向高峰。

大学有其社会责任，她的社会责任就是融入国家的创新体系之中，成为国家创新战略的实践者。党的十八大以来，以习近平同志为核心的党中央高度重视科技创新，对实施创新驱动发展战略作出一系列重大决策部署。党的十八届五中全会把创新发展作为五大发展理念之首，强调创新是引领发展的第一动力，要求充分发挥科技创新在全面创新中的引领作用。要把创新驱动发展作为国家的优先战略，以科技创新为核心带动全面创新，以体制机制改革激发创新活力，以高效率的创新体系支撑高水平的创新型国家建设。作为人才培养和科技创新的重要平台，大学是国家创新体系的重要组成部分。同济大学理当围绕国家战略目标的实现，作出更大的贡献。

大学的根本任务是培养人才，同济大学走出了一条特色鲜明的道路。无论是本科教育、研究生教育，还是这些年摸索总结出的导师制、人才培养特区，“卓越人才培养”的做法取得了很好的成绩。聚焦创新驱动转型发展战略，同济大学推进科研管理体系改革和重大科研基地平台建设。以贯穿人才培养全过程的一流创新创业教育助力创新驱动发展战略，实现创新创业教育的全覆盖，培养具有一流创新力、组织力和行动力的卓越人才。“同济博士论丛”的出版不仅是对同济大学人才培养成果的集中展示，更将进一步推动同济大学围绕国家战略开展学科建设、发展自我特色、明确大学定位、培养创新人才。

面对新形势、新任务、新挑战，我们必须增强忧患意识，扎根中国大地，朝着建设世界一流大学的目标，深化改革，勠力前行！

万　钢

2017 年 5 月

论丛前言

承古续今，汇聚东西，百年同济秉持“与祖国同行、以科教济世”的理念，注重人才培养、科学研究、社会服务、文化传承创新和国际合作交流，自强不息，追求卓越。特别是近20年来，同济大学坚持把论文写在祖国的大地上，各学科都培养了一大批博士优秀人才，发表了数以千计的学术研究论文。这些论文不但反映了同济大学培养人才能力和学术研究的水平，而且也促进了学科的发展和国家的建设。多年来，我一直希望能有机会将我们同济大学的优秀博士论文集中整理，分类出版，让更多的读者获得分享。值此同济大学110周年校庆之际，在学校的支持下，“同济博士论丛”得以顺利出版。

“同济博士论丛”的出版组织工作启动于2016年9月，计划在同济大学110周年校庆之际出版110部同济大学的优秀博士论文。我们在数千篇博士论文中，聚焦于2005—2016年十多年间的优秀博士学位论文430余篇，经各院系征询，导师和博士积极响应并同意，遴选出近170篇，涵盖了同济的大部分学科：土木工程、城乡规划学(含建筑、风景园林)、海洋科学、交通运输工程、车辆工程、环境科学与工程、数学、材料工程、测绘科学与工程、机械工程、计算机科学与技术、医学、工程管理、哲学等。作为“同济博士论丛”出版工程的开端，在校庆之际首批集中出版110余部，其余也将陆续出版。

博士学位论文是反映博士研究生培养质量的重要方面。同济大学一直将立德树人作为根本任务，把培养高素质人才摆在首位，认真探索全面提高博士研究生质量的有效途径和机制。因此，“同济博士论丛”的出版集中展示同济大学博士研究生培养与科研成果，体现对同济大学学术文化的传承。

"同济博士论丛"作为重要的科研文献资源，系统、全面、具体地反映了同济大学各学科专业前沿领域的科研成果和发展状况。它的出版是扩大传播同济科研成果和学术影响力的重要途径。博士论文的研究对象中不少是"国家自然科学基金"等科研基金资助的项目，具有明确的创新性和学术性，具有极高的学术价值，对我国的经济、文化、社会发展具有一定的理论和实践指导意义。

"同济博士论丛"的出版，将会调动同济广大科研人员的积极性，促进多学科学术交流、加速人才的发掘和人才的成长，有助于提高同济在国内外的竞争力，为实现同济大学扎根中国大地，建设世界一流大学的目标愿景做好基础性工作。

虽然同济已经发展成为一所特色鲜明、具有国际影响力的综合性、研究型大学，但与世界一流大学之间仍然存在着一定差距。"同济博士论丛"所反映的学术水平需要不断提高，同时在很短的时间内编辑出版 110 余部著作，必然存在一些不足之处，恳请广大学者，特别是有关专家提出批评，为提高同济人才培养质量和同济的学科建设提供宝贵意见。

最后感谢研究生院、出版社以及各院系的协作与支持。希望"同济博士论丛"能持续出版，并借助新媒体以电子书、知识库等多种方式呈现，以期成为展现同济学术成果、服务社会的一个可持续的出版品牌。为继续扎根中国大地，培育卓越英才，建设世界一流大学服务。

伍　江

2017 年 5 月

前 言

城市污水处理厂产生的污泥按照来源的不同可分为初沉污泥和剩余污泥，总量占处理水量的0.3%～0.5%（以含水率97%计）。国内外主要针对初沉污泥或初沉和二沉污泥的混合污泥进行了污泥厌氧发酵的研究，而单独针对剩余污泥厌氧发酵的研究甚少。对剩余污泥进行水解酸化的主要目的是为改善其生化降解性能，溶出较多的溶解性COD（SCOD）和产生较高的挥发性脂肪酸（VFAs）。SCOD和VFAs，特别是VFAs中的乙酸和丙酸，是增强生物除磷过程（EBPR）的有利的基质。为了达到此目的，试验对影响污泥水解酸化的环境因素和操作条件进行了工艺优化研究。

首先，对比分析了厌氧与好氧条件下剩余污泥的发酵结果，结果表明，厌氧水解酸化明显利于SCOD和总VFAs的生成，从而要求试验中尽可能避免氧的溶入。

其次，对比分析了不同的搅拌方式和搅拌速度对剩余污泥厌氧发酵产物的影响，结果表明，机械式搅拌比磁力搅拌和摇床混合更加容易实现颗粒间的充分高效接触；同时发现搅拌速度太快或太慢都不利于SCOD和VFAs的生成。本试验条件下选取60～80 r/min的机械式搅拌速度。

再次，在21℃左右条件下，研究了剩余污泥在不同pH条件下厌氧发酵的情况，发现将pH控制为8.0～11.0，在20 d的厌氧发酵时间内，SCOD值要大于pH调为4.0～7.0。特别是，在pH 10.0时，厌氧发酵第8 d产生的VFAs(2 708.02 mg COD/L)接近其最大值(2 770.40 mg COD/L，发酵时间为12 d)且高于其他pH条件，比如，此产酸值大约是pH 5.0和pH不调时的3倍和4倍之多；六种短链VFAs中，乙酸和丙酸产量居多，而乙酸产量又高于丙酸，pH 10.0条件下，乙、丙酸所占总VFAs的百分比之和为60%～70%，异戊酸和异丁酸产量次之，正丁酸和正戊酸产量较少，其中正戊酸产量最少，占总VFAs的百分比低于10%；关于溶解性碳水化合物和蛋白质物质的生成，基本上是较强碱性比近中性条件更加有利；而酸性条件下溶出的PO_4^{3-}—P和氨氮浓度高于碱性。

另外，改变pH的控制策略，其一将pH调节作为预处理手段，对比分析了pH长、短期(1 d与20 d)调为碱性10.0和酸性5.0时对剩余污泥厌氧发酵的影响。结果表明，pH长、短期调为碱性10.0比酸性5.0更加利于SCOD、总VFAs、单个VFA、溶解性碳水化合物和蛋白质物质的生成，且发现在较短的发酵时间内(2～4 d)，pH短期调为碱性10.0与长期调节时的SCOD值和总VFAs值比较接近，随后长期调节才占有优势，因此如果需要在较短时间内获得较高的SCOD和有机酸产量，那么只对pH短期(1 d左右)预调节为碱性10.0也是可行的；其二在2h内调节剩余污泥的pH为碱性10.0或酸性5.0，同时辅以快速搅拌(410～430 r/min)作为预处理手段，然后恢复搅拌速度为60～80 r/min，同时pH再调为6.0、7.0和8.0，结果表明前者比后者获得了更多的SCOD、总VFAs、单个VFA、溶解性碳水化合物和蛋白质，可见，对剩余污泥进行短期的强碱性(pH 10.0)预处理，辅以快速搅拌，然后

pH调为6.0～8.0，虽然没有pH直接调为10.0时的SCOD、总VFAs产量高，但是却高于pH直接调为8.0时的情况，而且还可以改善装置的强酸碱腐蚀情况。

试验对pH10.0条件下的水解酸化动力学模式进行了研究，建立了经验模式。结果表明，10℃～35℃内，水解速率为产酸的限速步骤，而剩余污泥中颗粒性COD的水解过程遵循一级动力学方程，水解反应速率常数k_h与温度的关系符合范特荷甫(Van't Hoff J. H.)经验规则和阿累尼乌斯(Arrhenius)经验方程式。

试验对碱性条件(特别是pH10.0)增强剩余污泥发酵产酸的机理进行了探讨。结果表明，在碱性条件下，提供了更多的以SCOD计的产酸基质，特别是更多量的溶解性蛋白质，而且pH10.0时VFAs几乎没有被消耗而生成甲烷，进一步的研究表明pH10.0时，VFAs的生成过程是微生物的生化作用占主导。

目　录

第1章
绪 论*

1.1 污泥发酵产酸的机理

城市污水处理厂产生的污泥量大且含有大量的有毒有害物质，需要及时处理和处置，最终达到污泥的减量化、稳定化、无害化和资源化。污泥经过消化处理可以实现污泥的稳定化。根据有氧和无氧的条件，消化处理可以分为好氧消化和厌氧消化。当产生的污泥量不大时可以考虑采用好氧消化，而多数情况下，采用好氧消化处理是不经济的。相对于好氧消化而言，污泥厌氧消化是最古老和最常见的污泥生物处理方法之一，其优点为在费用较低、生物质产出率高、治病菌破坏率高、产生甲烷等条件下可使大量的污泥得到稳定化[1,2]。

厌氧消化是一种普遍存在于自然界的微生物降解有机物代谢过程。凡是有水和有机物存在的地方，只要供氧条件不好或有机物含量多，都会发生厌氧消化现象，使有机物经厌氧分解而产生 CH_4、CO_2、H_2S 等气体。但是，厌氧消化是一个极其复杂的过程，1979 年，Bryant 等人根据微生物

* 本章部分内容发表在《工业水处理》。

的生理种群的不同，提出了厌氧消化三阶段理论，是当前较为公认的理论模式[3,4]。第一阶段，在水解与发酵细菌的作用下，使复杂的有机物质（包括碳水化合物、蛋白质、脂肪等）水解和发酵转化为单糖、氨基酸、脂肪酸等。第二阶段，在产氢产乙酸菌的作用下，将第一阶段的产物转化为氢、二氧化碳和乙酸。第三阶段，在产甲烷菌的作用下，将乙酸、氢气、碳酸、甲酸和甲醇等转化为甲烷、碳酸以及新的细胞物质。污泥的发酵产酸（包括乙酸和大于两个碳原子的脂肪酸）过程包含三阶段理论中的前两个阶段，而这两个阶段还可以分为水解阶段和发酵（酸化）阶段。

水解在化学上指的是化合物与水进行的一类反应的总称。在废水或污泥生物处理中，水解指的是有机物（基质）进入细胞前，在胞外进行的生物化学反应，是可以将复杂的非溶解的聚合物转化为简单的溶解性单体或二聚体的过程。研究表明，自然界的许多物质（如蛋白质、糖类、脂肪等）能在好氧、缺氧或厌氧条件下进行水解，其中厌氧水解最为常用。纯粹的生物水解过程通常较缓慢，被认为是含高分子有机物或悬浮物废液厌氧降解的限速阶段。影响水解速度与水解程度的主要因素有温度、pH、有机质颗粒的大小、有机质在反应器内的保留时间和有机质的组成等。采用机械作用（如高速剪切和超声波等）、热水解作用（如加热污泥到 150℃～200℃和高压 600～2 500 kPa）、化学和热化学水解作用（如热碱处理）等可以使污泥得到充分裂解，减小污泥粒径，增加胞外水解酶接触到基质的机会，从而使污泥的水解速率和效率得到提高[5]，而且能够提高水解物质中溶解性有机物质所占的比例，可以为营养物质的去除提供碳源。根据所采取的预处理辅助措施的不同，水解可以分为机械预处理水解、热预处理水解、化学预处理水解、热化学预处理水解和生物水解等。并不是所有的能提高易降解物质浓度的预处理都是有效的，还要研究此预处理手段是不是会影响后续处理，比如是否利于产酸用于营养物质的去除或者用于消化来消除治病菌达到无害化。采用不同的预处理手段提高水解效率用于后续处理的机理仍处于探讨阶段。

发酵(酸化)可以定义为有机化合物既作为电子受体也是电子供体的生物降解过程。这一阶段的基本特征是溶解性有机物被微生物代谢转化为以挥发性脂肪酸(Volatile Fatty Acids, VFAs)为主的各种有机酸。VFAs主要包括乙酸、丙酸、丁酸和戊酸等短链挥发性脂肪酸,是生物除磷过程中有利的基质,对于微生物高效除磷是十分必要的。

参与水解和酸化阶段的微生物包括细菌、原生动物和真菌。原生动物主要有鞭毛虫、纤毛虫和变形虫;真菌主要有毛霉、根霉、共头酶、曲霉等。细菌是完成水解酸化作用的主要微生物,可以称为水解与发酵细菌[3,6,7];还有一些专门分解或合成乙酸的细菌,这里可以把它们一起统称为发酵产酸细菌。这些细菌大多数为专性厌氧菌,也有不少兼性厌氧菌。根据其生理代谢功能可分为以下几类:

(1) 纤维素分解菌,参与对纤维素的分解,将其转化为CO_2、H_2、乙醇和乙酸。

(2) 碳水化合物分解菌,这类细菌的作用是水解碳水化合物成葡萄糖,以具有内生孢子的杆状菌占优势。丙酮、丁醇梭状芽孢杆菌能分解碳水化合物产生丙酮、丁醇、乙酸和氢等。这些梭状芽孢杆菌是厌氧的、产芽孢的细菌,因此它们能在恶劣的环境条件下存活。

(3) 蛋白质分解菌,这类细菌的作用是水解蛋白质形成氨基酸,进一步分解成为硫醇、氨和硫化氢,以梭菌占优势。非蛋白质的含氮化合物,如嘌呤、嘧啶等物质也能被其分解。氨基酸的分解通过所谓的Stickland反应进行。此反应需两种氨基酸参与,如生孢芽孢杆菌能以其中一种氨基酸作为供氢体,另一种氨基酸为受氢体进行氧化还原反应。丙氨酸、缬氨酸、亮氨酸常作为供氢体,甘氨酸、脯氨酸、羟脯氨酸作受氢体,如:

$$CH_3CHNH_2COOH + 2CH_2NH_2COOH + 2H_2O \longrightarrow 3CH_3COOH + 3NH_3 + CO_2$$

丙氨酸　　　　甘氨酸　　　　　　　　乙酸　　　　(1-1)

由于氨基酸的降解能够产生 NH_3，因此这一过程会影响到溶液中的pH值。

(4) 脂肪分解菌，这类细菌的功能是将脂肪分解成简单脂肪酸，以弧菌占优势。

(5) 产氢产乙酸菌和同型乙酸菌，前者能够在厌氧条件下，将丙酮酸及其他脂肪酸转化为乙酸、CO_2，并放出 H_2，例如戊酸[式(1-2)]、丁酸[式(1-3)]、丙酸[式(1-4)]和乙醇的转化[式(1-5)]。后者的种属有乙酸杆菌，它们能够将 CO_2、H_2 转化为乙酸，也能将甲酸、甲醇转化为乙酸。

戊酸的转化：

$$CH_3CH_2CH_2CH_2COOH + 2H_2O \longrightarrow CH_3CH_2COOH + CH_3COOH + 2H_2 \tag{1-2}$$

丁酸的转化：

$$CH_3CH_2CH_2COOH + 2H_2O \longrightarrow 2CH_3COOH + 2H_2 \tag{1-3}$$

丙酸的转化：

$$CH_3CH_2COOH + 2H_2O \longrightarrow CH_3COOH + CO_2 + 3H_2 \tag{1-4}$$

乙醇的转化：

$$CH_3CH_2OH + H_2O \longrightarrow CH_3COOH + 2H_2 \tag{1-5}$$

在标准条件下，某些产乙酸的反应不能进行，比如上面的式(1-3)、式(1-4)、式(1-5)中标准基布斯函数为正值($\Delta G'_0 > 0$)。但是氢浓度的降低可以把这些反应导向产物方向。通常在厌氧颗粒污泥中存在着微生态系统。在此系统中，产酸菌靠近利用氢的细菌生长，因此氢可以很容易被消耗掉并使产乙酸过程顺利进行。

在发酵产酸细菌参与下的污泥水解酸化的生化过程可以概括为以下

两个方面：

(1) 将大分子不溶性有机物水解成小分子的水溶性的有机物。水解作用是在水解酶的催化作用下完成的。水解酶是一种胞外酶，因此水解过程是在细菌细胞的表面或周围介质中完成的。发酵产酸细菌群中仅有一部分细菌种属具有分泌水解酶的功能，而水解产物却一般可被其他的发酵产酸细菌群所吸收利用。这也许就是采用一些机械的、热化学等生化手段可以提高水解的效率，但是并没有破坏随后的酸化或消化功能的原因。

(2) 发酵产酸细菌将水解产物吸收进细胞内，经细胞内复杂的酶系统的催化转化，将一部分供能源使用的有机物转化为代谢产物，排入细胞外的水溶液里，主要产物为包括乙酸在内的短链脂肪酸。

水解和酸化阶段在理论上可以区分，但是大量的研究结果表明，除去采用水解酶工艺外，在实际中的混合微生物系统中，即使严格控制条件，水解和酸化也无法截然分开，这主要是因为水解菌是一种具有水解能力的发酵细菌。水解是耗能过程，发酵细菌付出能量进行水解的目的，就是为了获取进行发酵的水溶性基质，并通过胞内的生化反应取得能源，同时排出代谢产物(厌氧条件下主要为各种 VFAs)。而污泥中同时存在不溶性和溶解性有机物，水解和酸化更是不可分割地同时进行。

综上所述，图 1-1 为污泥中复杂有机物的水解酸化过程。

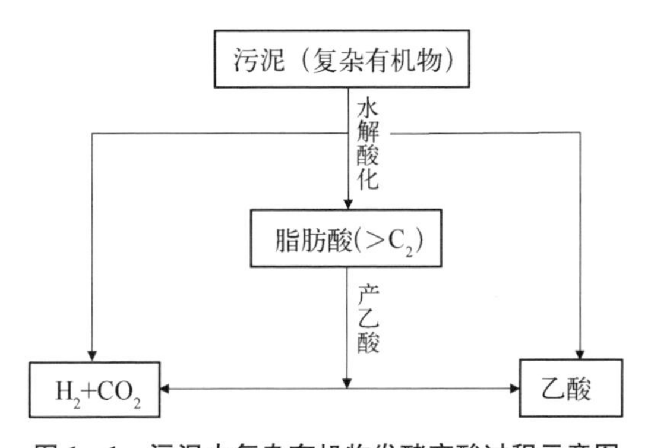

图 1-1　污泥中复杂有机物发酵产酸过程示意图

对城市污水厂产生的污泥进行厌氧水解酸化及用于增强生物营养物质(氮、磷)的去除(Enhanced Nutrients Removal, ENR)的目的,就是使污泥中大量复杂的有机物(包括碳水化合物、蛋白质、脂类)水解成小分子有机物,最终获取大量的易生物降解的 VFAs,而此物质是营养物质去除过程中必要的有利基质。同时,还使污泥得到减量化、稳定化,最终实现污泥的资源化利用。

1.2 国内外研究现状和发展动态

20 世纪 80 年代以来,国外针对于厌氧消化的水解酸化阶段的研究越来越多[8]。大多利用污水处理厂的初沉池污泥水解酸化来产生 VFAs,单独采用剩余污泥产酸的研究较少[9-13]。国内的研究多数是对较高浓度的污水进行水解酸化,单独针对城市污水厂污泥产酸用于生物除磷的研究较少[14-23]。自 1990 年开始,部分学者对实验室规模的污泥产酸工艺用于增强生物除磷效率进行了研究。例如,1992 年,杨造燕等报道了侧流生物除磷装置投加初沉污泥酸性发酵液、剩余污泥酸性发酵液、消化污泥与污水的混合液以及原污水作为厌氧磷释放的基质的可能性,结果显示含有生物易降解基质的发酵液可以用于生物除磷,其含有较多易降解物高浓度的化学需氧量(Chemical Oxygen Demand,COD),不仅加速了磷的释放,而且降低了硝酸盐氮带来的不利影响[24]。2003 年,Yu 等采用带有搅拌器和三相分离器的上向流反应器对城市污水处理厂污泥进行了水解和发酵产酸研究,分析了水力停留时间(Hydraulic Retention Time, HRT)和 pH 值等参数的影响[25]。

国内外对城市污水厂污泥进行水解酸化的研究(主要为初沉污泥,也有采用初沉和剩余污泥的混合污泥)主要集中于发酵产酸工艺的影响因素、产生的脂肪酸种类和产率产量、工艺类型以及应用于增强营养物质去除的适用性等内容的研究。污泥发酵产酸很大程度上受到污泥性质、运行参数[如 *HRT*、固体停留时间(Sludge Retention Time,SRT)等]、环境因素[如温度、pH、氧化还原电位(Oxidation Reduction Potential,ORP)]、反应器构造、微量元素等的影响。

1.2.1 污泥发酵产酸的影响因素

1. 温度

温度是影响微生物生命活动过程的重要因素。各种微生物都能在一定的温度范围内生长,根据微生物生长的温度范围,习惯上将微生物分为三类[6]:① 嗜冷微生物,生长温度 5℃~20℃;② 嗜温微生物,生长温度 20℃~42℃;③ 嗜热微生物,生长温度 42℃~75℃。

水解酸化细菌对温度的适应性很强,在低温、中温、高温环境中,有的甚至在更高温度(100℃以上)的情况下都能生存。温度对水解酸化细菌的影响主要通过对酶活性的影响而影响微生物生长速率与基质的代谢速率,因而与有机物的降解速率和污泥量的变化有关。此外,温度还影响有机物在生化反应中的流向[特别是当污泥经水解酸化反应生成气体(H_2、CO_2和CH_4)的时候]、污泥的成分与性状等。当污泥经过水解酸化从而产生有利于增强营养物质的去除的物质时,国内外针对于温度影响因素的研究,主要集中在如何提高污泥的生物可降解性物质的产量和有机物生化降解速率如何变化两个方面。

多数研究表明,热预处理可以提高厌氧水解酸化过程中有机物质的溶解量。这些研究包括在较高温度范围(55℃~100℃)[26]、高温度范围(100℃~175℃)[27-29]以及超高温度范围(175℃~225℃)内的热预处理水解[30]。比如,McIntosh 和 Oleszkiewicz 研究分析了初沉污泥在 55℃运行时的 VFAs 产生情况[31]。研究发现,厌氧水解酸化 18h 可以得到最大的产酸量为 0.106 mg HAC/mgVSS，其中乙酸占 60.4%，丙酸为 19.3%，丁酸和戊酸分别为 12.2%和 8.1%。Barlindhaug 和 Ødegaard 采用 70%的化学污泥（含 $FeCl_3$）和 30%的生物污泥进行热预处理水解，加热温度达到 160℃～200℃，获取的溶解性化学需氧量（Soluble Chemical Oxygen Demand，SCOD）用于后置反硝化脱氮处理[32]。研究表明，当温度从 160℃提高到 200℃时，挥发性悬浮固体（Volatile Suspended Solids，VSS）的减少量从 38%到 50%；SCOD 产量也随着温度的提高而线性增加，从 18%增加到 32%（SCOD/TCOD，TCOD≈55 000mg/L，TCOD 为总化学需氧量（Total Chemical Oxygen Demand，TCOD）；当热水解产物用于后置反硝化过程时，发现有 67%的加入碳源用于反硝化，其反硝化的速率高于使用甲醇或乙酸作为外加碳源的反应。

虽然热预处理可以提高污泥的有机物质的可生化降解性，但是当温度为 35℃以上时，需要额外的加热装置，耗费能量高，并不利于原位增加碳源或 VFAs，从而进一步增加生物营养物质的去除。因此，当污泥发酵产酸原位应用于增强生物营养物质去除过程时，多数在中低温下运行。如，Banerjee 等研究了当温度从 22℃变化到 35℃时对初沉污泥和工业废水混合物（1∶1）水解酸化产物的影响[33]。结果表明，*HRT* 为 30 小时，温度从 22℃上升到 30℃时，VFAs 和 SCOD 的净产量有所增加，其中 VFAs 产量提高了 15%，但是当温度升到 35℃，其产量却有所下降，说明 30℃为这种混合废物的最优水解酸化温度。

当污泥发酵产酸（主要为初沉污泥）在中温运行时，Eastman 和 Ferguson 研究得出颗粒有机物质水解为溶解性物质是厌氧消化产酸阶段的限速步骤[34]。Lilley 等也认为颗粒型可发酵物质 X_s 的限速步骤为颗粒物质的水解速率 r_h，其发酵产酸过程是一级动力学方程，产酸速率 r_{ac} 的公式如下所示（忽略了 pH 值的影响）[35]：

$$r_{ac} = -r_h = -k_h X_s \tag{1-6}$$

式中 r_{ac}——污泥发酵产酸速率，kgCOD/(m^3·d)；

k_h——水解速率常数，d^{-1}；

X_s——颗粒型可发酵物质，kgCOD/m^3。

污泥水解速常数 k_h 是温度的函数，可以用 Arrhenius 公式来描述[36]。

$$k_h = A\exp\left(\frac{-E_a}{RT}\right) \tag{1-7}$$

式中 k_h——水解速率常数；

A——指前因子，与温度无关的常数，单位同 k_h；

E_a——阿氏活化能或表观活化能，kJ/mol 或 kcal/mol；

R——摩尔气体常数，R=8.314 J/(mol·K)或 1.987 2 cal/(mol·K)；

T——绝对温度，K。

根据反应动力学的原理，阿氏活化能 E_a 越低的反应越易进行[37]。一般化学反应的 E_a 在 40～400 kJ/mol。加入催化剂后反应的 E_a≈60～120 kJ/mol。如果 E_a<4 kJ/mol 该反应的速率常数将很大，甚至快到不易测定的地步。

k_h 值的大小通常只适用于某种条件下的特定底物，与温度和停留时间还有关系。表 1-1 列出了不同温度和停留时间下的 k_h 值[38]。

表 1-1 温度与停留时间对污泥中不同组分的 k_h 值的影响

温度/℃	停留时间/d					
	脂 肪		纤维素		蛋白质	
	15	60	15	60	15	60
15	0	0	0.03	0.018	0.02	0.01
25	0.09	0.03	0.27	0.16	0.03	0.01
35	0.11	0.04	0.62	0.21	0.03	0.01

Moser-Engeler 等采用 60% 的初沉污泥和 40% 的剩余污泥进行产酸研究，并且将产生的有机酸用于营养物质的去除[39]。研究中对复杂底物的 k_h 进行了测定，得到在 20℃和 10℃时，k_h 值分别为 0.152 d^{-1} 和 0.047 d^{-1}，20℃的 k_h 值为 10℃的 2～3 倍，即温度升高有利于污泥厌氧发酵产酸过程。

Ferreiro 和 Soto 采用市政污水处理厂的初沉污泥进行发酵产酸研究，结果表明水解是颗粒物质的限速步骤，当温度为 10℃、20℃和 35℃时，k_h 值分别为 0.038 d^{-1}、0.095 d^{-1} 和 0.169 d^{-1}[40]。将得到的动力学参数带到 Arrhenius 公式中，得到 $r_h(T) = r_h(10)\exp[-K(10-T)]$，$K$ 值为 0.054 $℃^{-1}$（相关系数 $R^2 = 0.945$）。

Mahmoud 等采用完全连续搅拌反应器（Completely Stirred Tank Reactors，CSTRs），研究了初沉污泥中复杂有机化合物的水解酸化等过程，得到以下结果[41]：

(1) 温度为 35℃，$SRT \geq 10$ d；温度为 25℃，$SRT \geq 15$ d；温度为 15℃，SRT 为 ≥ 60 d 时，水解是整个生化过程的限速步骤；

(2) 污泥的可生物降解性大约为 60%（VSS/TSS，TSS 为 Total Suspended Solid），受温度影响较小；

(3) 脂肪和长链脂肪酸（Long Chain Fatty Acids，LCFA）只进行有限的部分水解，脂肪的水解酸化影响甲烷化的程度。LCFA 的酸化是脂肪酸化的限速步骤。碳水化合物的水解是整个酸化过程的限速步骤。初沉污泥中只有有限的蛋白质物质进行水解；

(4) 如果初沉污泥中主要复杂有机化合物的水解是限速步骤，可以用一级动力学方程进行描述；

(5) 所有复杂化合物的水解速率常数 k_h 值受温度影响很大，可以用 Arrhenius 公式进行描述，本试验的阿氏活化能 E_a 约为 50 kJ/mol。

Veeken 和 Hamelers 对六种生物固体废物的水解酸化进行研究，得到的活化能与之类似[36]。Yu 和 Fang 采用单一碳源明胶配水，对废水的厌氧酸化中 20℃～55℃间 E_a 值进行测定，得到 $E_a \approx 7.7$ kJ/mol[42]。可见初沉污泥或其他固体废物的 E_a 值比之纯物质废水或高浓度废水要小得多，亦即其反应速率远远小于纯物质废水或高浓度废水。

如前所述，许多研究者测出的水解速率常数 k_h 相差很多，这主要是由于影响 k_h 的因素除了温度，还有很多其他因素，而且 k_h 和这些因素的关系还不是很清楚。虽然有一些规律可循，如，温度在 10℃～35℃变化时，一般情况下温度升高 k_h 值升高；脂肪的 k_h 或蛋白质的 k_h < 碳水化合物的 k_h；阿氏活化能 E_a 在 40～120 kJ/mol 之间，小于一般的化学反应，可能属于某种酶或某几种酶的催化反应。但是 k_h 值或 E_a 的大小通常只适用于某种条件下某一特定底物，不同的试验条件仍需要实际测定。

2. pH

pH 是影响酶活性的主要因素，适应于每一种酶生长的 pH 有一定的范围，如当 5<pH<6 时，适宜丙酸菌发酵和积累[43]。大多数污泥厌氧水解与发酵产酸菌对 pH 有较大范围的适应性，水解和发酵产酸过程可以在宽达 3.0～10.0 的范围内顺利进行[44]。

Elefsiniotis 和 Oldham 研究了在环境温度下，pH 对初沉污泥产酸发酵的影响[45,46]。研究结果显示：pH 范围在 4.3～7.0 时，对污泥发酵产酸影响不大，而 pH 大于 7.0 时则抑制 VFAs 的产生；最佳的 pH 为5.5～6.5，pH 朝酸性方向或碱性方向移动时，水解速率都将减小(图1-2)；同时 pH 还影响水解产物的种类和含量，图 1-2 为不同 pH 值下水解液中挥发性有机酸的组成和相对含量。由图可见，pH 的变化对乙酸产量的影响不大；但对丙酸来说，pH 越低，其相对含量则越大；对丁酸来说，其 pH 越低，其相对含量则越小；其余种类的有机酸相对含量较小，同时变化也不大。

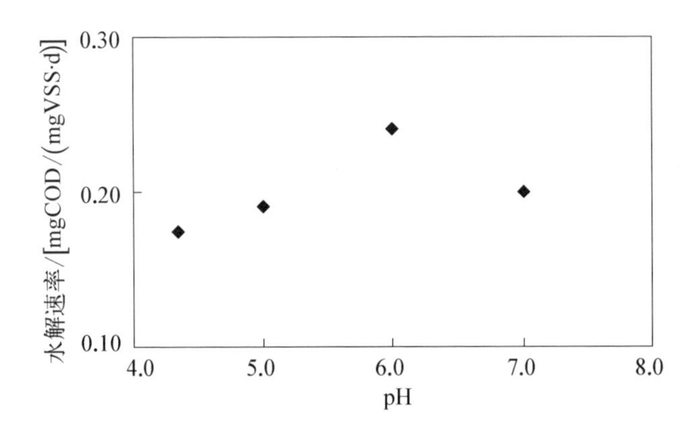

图 1-2　pH 对水解(酸化)速率的影响(城市污水厂初沉污泥为基质)

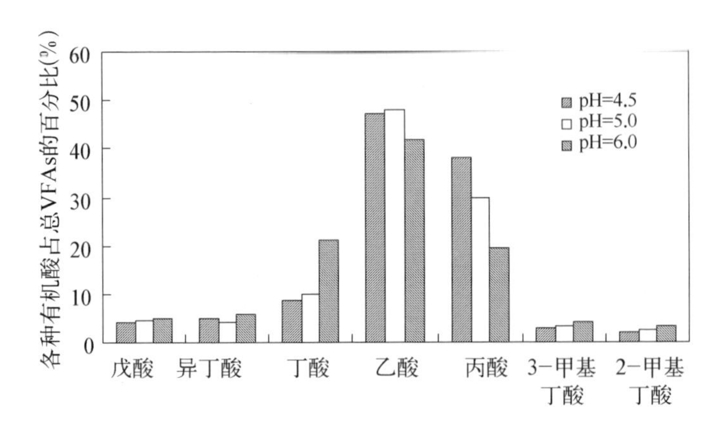

图 1-3　pH 对水解(酸化)产物的组成和相对含量的影响

Banerjee 等(1999)在初沉污泥中加入土豆加工废水进行发酵产酸的研究中,发现 pH 低于 6 时,成功地避免了污泥的甲烷发酵过程,特别是在 pH 为 4.5 左右时,得到了较高的 VFAs 产量,其值大约为 1 181 mg/L[8]。

Gomec 等(2003)将温度控制为 35℃,研究和对比了 pH 对初沉污泥和活性污泥厌氧水解发酵的影响[47]。两个连续搅拌的厌氧反应器中放入初沉污泥,其中一个反应器中的 pH 控制为 6.5,称为 pH 控制反应器,另一个称为 pH 对照反应器;剩余污泥的处理同上。研究结果显示:pH 对照反应器中的初沉污泥的 TSS 和 VSS 去除了 25%和 32%,pH 控制反应器中的则为26%和43%;pH对照反应器中的活性污泥的TSS和VSS分别去除了44%和55%,pH控制反应器中的则分别为57%和72%。但是与TSS和VSS的去除率不同的是:初沉污泥在pH控制反应器中水解发酵生SCOD和VFAs(主要是乙酸和丙酸)在5 d之后减少了,而甲烷增多了,说明甲烷发酵占了主导作用;然而,在pH对照反应器中,5 d之后水解产酸仍在继续。活性污泥在pH控制反应器中得到了最大产酸速率,而pH对照反应器中的pH在运行最后小于4,这样低的pH抑制和影响了活性污泥中的绝大多数水解产酸菌的活性。从而得到结论:控制pH为弱酸性如6.5左右,可以使活性污泥得到最大程度的水解发酵产酸。

Yu等(2003)采用带有搅拌器和三相分离器的上向流反应器(Upflow Anaerobic Sludge Bed, UASB),研究了pH对城市污水处理厂污泥水解和发酵产酸过程的影响[25]:温度为35℃,随着pH值从4.0增加到6.5,VSS减少了40%,VFAs的浓度从约300 mg/L增加到约650 mg/L。

多数有关污泥发酵产酸的文献研究是在pH为中性或弱酸性条件下进行的,而20世纪90年代以来,许多研究者证明在常温下采用碱性预处理可以提高单纯生物水解的效率[48,49]。如,Chang等为了破坏剩余活性污泥的难溶的外部结构,加入了一定量的NaOH进行预处理来提高剩余活性污泥的水解程度[50]。在25℃时,分别采用20、40、60、80 mg NaOH/gTSS四个投量,发现TSS浓度为1 500 mg/L左右时,投量为40 mg NaOH/gTSS为最优,在10h后得到超过45%的SCOD(SCOD/TCOD)。Lin等在常温下(25℃±3℃)条件下,往一种工业污泥中投加10~50 mg NaOH/gTSS的NaOH进行预处理[51],发现TSS约为15 000 mg/L,最优的投量为30 mg NaOH/gTSS,24h后得到超过24.7%的SCOD,其水解速率为0.048 h^{-1}。表1-2为对于不同种污泥,采用不同预处理技术得到的简要结果。从表中可以看出,反应温度越高,SCOD产生速率越高;当温度从20℃增加到38℃时,SCOD产生值可以从 18%提高到 45%。

表 1-2　不同污泥预处理技术下的 SCOD 结果对比

项　目	预处理方法	温度/℃	运行时间/h	结果(SCOD/TCOD)/%
市政污水剩余活性污泥[52]	NaOH	20	24	18
		38	24	45
玉米加工工业废物[53]	NaOH	25	24	16
	$NaOH/H_2O_2/FeSO_4$	25	24	32
MSWOF *[54]	NaOH	20	24	24
	NaOH	100	24	30
生活污水剩余活性污泥[55]	NaOH	25	24	33
生活污水剩余活性污泥[56]	NaOH	25	24	37
	NaOH/超声波	25	24	89
工业污水剩余活性污泥[51]	NaOH	25	24	25

注：MSWOF 是市政固体废物的有机成分。

还有些研究者采用热碱预处理的手段来提高城市污泥的可生物降解性能或减少污泥量。如，Rocher 等往剩余污泥中滴加 NaOH 使其 pH 为 10.0，同时温度保持 60℃进行预处理 20 min 后，污泥进入后续的生化反应器，发现运行 48h 和 350h 后，污泥中可生化降解的溶解性成分分别占到原剩余污泥量的 75%和 90%，而污泥量可以最多减少到 37%[57]。Neyens 等采用温度为 100℃和 pH 为 10.0 的条件对剩余污泥处理60 min [其 pH 是用 $Ca(OH)_2$调节的]，发现剩余污泥的脱水性能提高了，而且干固体的量减少了 60%，溶解性物质的量从原来占干固体量的 28%提高到 46%[58]。

需要说明的是，虽然这些研究者采用碱液预处理或者调节污泥的 pH

为碱性，在常温下或中高温下极大地改善了污泥的可生化降解性能，即增加了污泥的溶解性物质的浓度，特别是提高了SCOD的量，但是多数研究者并没有对污泥的发酵产酸潜力进行研究和说明，而SCOD中的蛋白质或碳水化合物等成分经过一定的生化作用可以转化为VFAs，这个过程还需要进一步地深入研究。

3. 氧化还原电位(*ORP*)

污泥发酵体系中所有能形成氧化还原电对的化学物质的存在状态决定着体系中的*ORP*值，厌氧状态的主要标志是污泥发酵液具有低的*ORP*值，其值为负值。

不同的厌氧发酵系统要求的*ORP*值不同，而同一系统中，不同细菌要求的*ORP*值也不尽相同。研究资料表明，水解产酸细菌对*ORP*的要求不甚严格，甚至可以在＋100～－100 mV的兼性条件下生长繁殖，而甲烷细菌最适宜的*ORP*值为－350 mV或更低[44]。可见，如果污泥厌氧发酵的试验目的是为了获取更多的可生化降解的物质，则并不要求*ORP*值低于－350 mV以下，所以也并不需要使装置保持严格的封闭状态，杜绝空气的深入，而且操作中带入少量的溶解氧(Dissolved Oxygen，DO)影响也不大。

Chiu等在采用碱液和噪声对剩余污泥进行预处理的系统中，测得*ORP*值在－50～－500 mV间变化，同时发现*ORP*值随着SCOD值的增高而有所降低，当SCOD值变化平缓时，*ORP*值却渐渐升高然后也趋于平缓[59]。可见，*ORP*值的变化可以用来判断SCOD的变化趋势。Yu等[60]和Huang[61]的研究得到了类似的结果。Chang等在采用NaOH对剩余污泥进行预处理的发酵系统中，发现*ORP*值不仅与SCOD值有很好的线性关系(线性回归的相关系数在0.96以上)，而且与系统中的pH也呈直线变化，得到方程 $ORP = -47.06 \times pH + 506.11 (R^2 = 0.98)$[50]。

总而言之，污泥发酵系统中的 *ORP* 值变化具有调控其水解状态的潜力，特别是加入 H^+ 或 OH^- 进行预处理时，对 SCOD 等水解产物的变化有一定的影响。

4. 水力停留时间(*HRT*)

对于污水处理厂产生的初沉污泥和剩余污泥来说，含水率在 97%～99%，所以可以流动起来，因而某些工艺参数的定义可以参照废水的处理工艺。在连续运行的初沉污泥或剩余污泥水解酸化装置中，*HRT* 和 *SRT* 是表征污泥中复杂有机物同水解发酵细菌接触时间的工艺参数。当反应装置无污泥回流系统，则 *HRT* 实际上是指进入反应器的污泥在反应器内的平均停留时间(无污泥回流)。因此，如果反应器的有效容积为 $V(m^3)$，则：

$$HRT = \frac{V}{Q}(h) \tag{1-8}$$

HRT 是水解反应器运行控制的重要参数之一。它对反应器的影响随着反应器的功能不同而不同。对于单纯以水解为目的的反应器，*HRT* 越长，被水解物质与水解微生物接触时间也越长，相应地水解效率也就越高。表 1-3 为 Eastman 等人对城市污水初沉污泥的 *HRT* 与水解效率的研究结果。从表中数据可以看出，随着 *HRT* 的延长，溶出 COD 的浓度就越高，即水解效率越高[34]。

表 1-3　*HRT* 对水解效率的影响

水力停留时间(h)	溶出 COD 浓度/($g \cdot L^{-1}$)
9.0	1.44
18.0	2.29
36.0	3.45
72.0	4.46

Lilley 等(1990)研究得出当初沉污泥的 *HRT* 少于 10 d 时,污泥的 COD 有 17%~20%发酵转化为 VFAs[35]。Elefsiniotis 和 Oldham 在环境温度下,研究了 *HRT* 对初沉污泥产酸发酵的影响[45,62]。采用了两种不同的实验室规模的连续流反应器,一种是上流式厌氧污泥床(UASB),另一种是完全混合反应器(CMR)。结果表明:无论是 UASB 系统,还是 CMR 系统,当 *HRT* 逐渐升高到 12h 时,产生的 VFAs 的浓度和产率[单位为 mgVFAs/(mgVSS·d)]逐渐升高,并且没有发现产生甲烷;当 *HRT* 为 12h,得到最大的产率大约为 0.12 mgVFAs/(mg VS·d);当 *HRT* 为 15h 时,观察到了污泥的甲烷化;产生的 VFAs 主要为乙酸和丙酸,UASB 和 CMR 系统的数值略有些差别。图 1-4 为 *HRT* 对产生的 VFAs 浓度的影响,表1-4为 *HRT* 对 VFAs 相对百分含量的影响(其中 *SRT*=10h)。

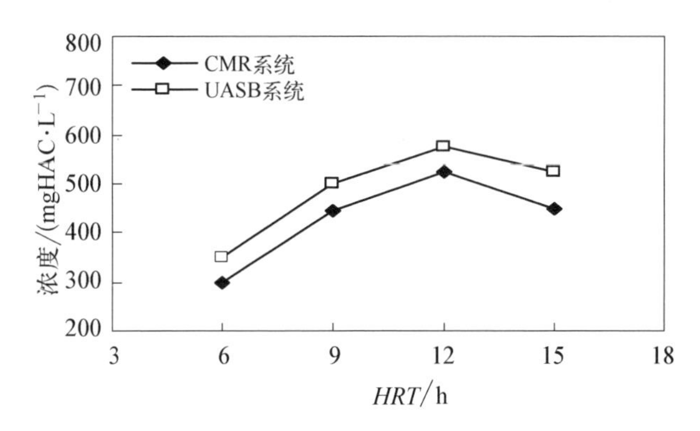

图 1-4 *HRT* 对 VFAs 浓度的影响

表 1-4 *HRT* 对 VFA 相对百分含量的影响

装 置	VFA 种类	*HRT*=6h	*HRT*=9h	*HRT*=12h	*HRT*=15h	平均
CMR 系统	乙酸	43.7	48.0	47.5	50.3	47.4
	丙酸	36.8	33.2	29.9	28.3	32.0
	丁酸	7.7	7.3	9.9	7.5	8.1
	其他	11.8	11.5	12.7	14.1	12.5

续 表

装 置	VFA种类	HRT=6h	HRT=9h	HRT=12h	HRT=15h	平均
UASB系统	乙酸	45.9	45.3	46.0	43.7	45.2
	丙酸	34.4	32.5	30.4	33.2	32.6
	丁酸	8.0	7.1	10.3	6.9	8.1
	其他	11.7	15.1	13.3	16.2	14.1

5. 固体停留时间(SRT)

前已述及，污泥的厌氧水解酸化是污泥厌氧消化的前两个阶段，因而关于水解、酸化的某些参数定义可以参照消化工艺。固体停留时间可以称作为污泥龄，是影响反应器实际尺寸的关键参数，公式为[3]：

$$\theta_c = \frac{M_r}{\phi_e} \tag{1-9}$$

式中：θ_c——污泥龄(SRT)，d；

M_r——水解酸化池内的总生物量，kg；

ϕ_e——水解酸化池每日排出的生物量，$\phi_e = \frac{M_e}{t}$；

M_e——水解酸化池内的总生物量(包括上清液带出的)，kg；

t——排泥时间，d。

HRT 和 SRT 是两个不同的运行参数，然而，在多数研究厌氧消化水解酸化阶段的文献中，HRT 和 SRT 几乎是相同的，原因是他们采用的工艺是传统的没有固体回流的连续流运行系统[63-67]。根据 Henze 等的研究，由于消化池上清液的回收，SRT/HRT 可以提高到 1.5～2.0[68]。Elefsiniotis 和 Oldham 采用恰当的运行方式和工艺，SRT 的范围为 5～20 d，HRT 固定为 12h，从而 SRT/HRT 为 10～40[45]。

Skalsky 等采用某污水厂初沉污泥进行发酵产酸用于提高增强生物除磷的效率，分析研究了 SRT 对污泥产酸的影响[69]。实验中采用了 5 个

4 L 的反应器，*SRT* 分别为 2、3、4、5 和 6，初沉污泥的总固体量(TS)平均为 2.6%，TS 的 80%为污泥总挥发性固体量(VS)。结果表明，在 *SRT* 较高的时候得到较高的污泥产酸量；*SRT* 为 5 d 时，得到最大的产酸量为 0.26 mgVFA/mgVS；*SRT* 为 2 d 时，得到最小的产酸量为 0.2 mgVFA/mgVS。实验结果见图 1-5 所示。

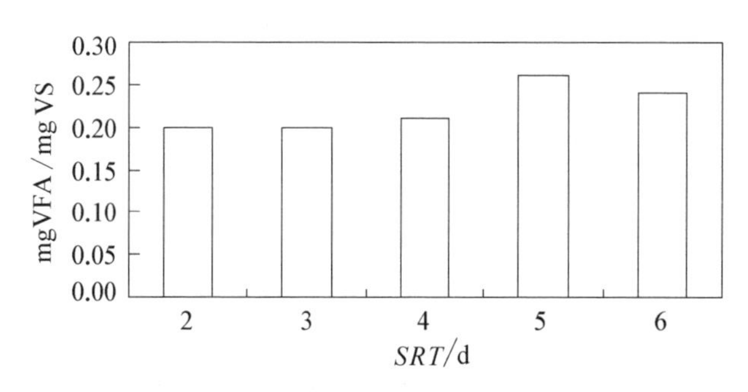

图 1-5　*SRT* 对 VFAs 产量的影响

Elefsiniotis 和 Oldham 研究了在环境温度下，*SRT* 对初沉污泥产酸发酵的影响[45,62]。试验中采用了两个 3 L 的连续流反应器：一个是 CMR，另一个是 USAB。水力停留时间保持在 12h，pH 值范围为 5.0～5.6，温度为环境温度。研究表明：当 *SRT* 为 10～20 d 时，两个反应器中 VFAs 的产生量(mg/L)都略有升高；当 *SRT* 为 5 d 时，VFAs 的产生量则下降很快，产酸速率几乎减少了 50%。除此之外，VFAs 的组成及其含量也在某种程度上受到 *SRT* 的影响，且在 CMR 系统和 USAB 系统中，在给定的 *SRT* 条件下结果类似。图 1-6 为 *SRT* 对 VFAs 相对组成百分含量的影响(CMR 系统和 USAB 系统中的平均值)。从图中可以看出，*SRT* 5 d 变化到 20 d 时，乙酸和丙酸的百分含量在减少，丁酸的含量在增加，且在 10 d 时达到最大；但是无论 *SRT* 怎样变化，初沉污泥产酸发酵产生的 VFAs 的主要组成仍为乙酸和丙酸，占 VFAs 的 80%左右。

Elefsiniotis 在研究中发现，VFAs 的组分分布受到 *SRT* 的影响，特别是当 *SRT* 为 10 d 时，四种“少量酸”(异丁酸，正戊酸，3-甲基丁酸和 2-甲基丁

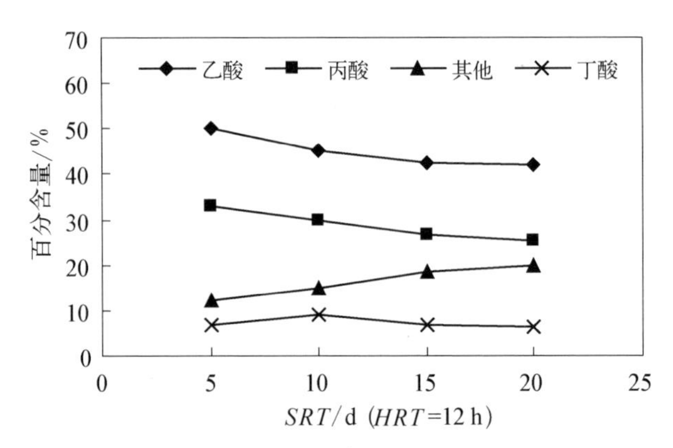

图 1－6　*SRT* 对 VFAs 相对组成百分含量的影响

酸)的百分含量增加显著,几乎是 *SRT*=5 d 和 *SRT*=20 d 量的 2 倍[70]。

6. 发酵产酸工艺及反应器构造

水解酸化工艺多数采用在厌氧条件下运行,目前研究较多的为接触式反应器和污泥床反应器。前者以完全混合式反应器(CMR)为代表,后者类似于厌氧消化系统中的上流式厌氧污泥床反应器(USAB)[44,71]。两者多采用连续运行方式[图 1－7(a)、(b)]。

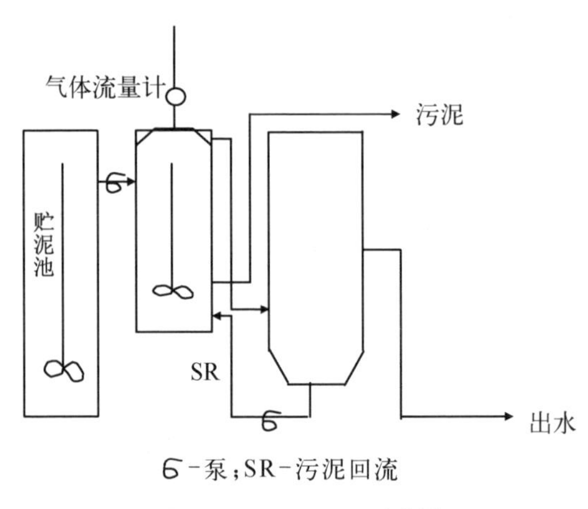

6－泵;SR－污泥回流

图 1－7(a)　CMR 反应器

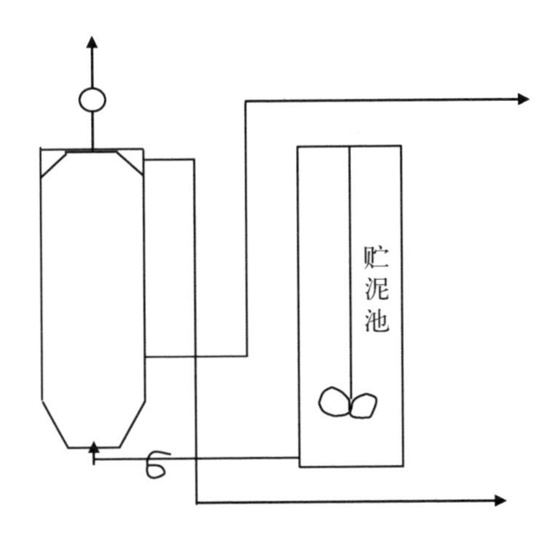

图 1－7(b)　UASB 反应器

从反应器内流态看，对于 USAB，当上升流速较高时，混合效果较好，反应器内流态近似于完全混合式；当上升流速较低时，混合效果较差，可以近似看作活塞流反应器。接触反应器则为典型的完全混合式。

Elefsiniotis 等研究了在环境温度下，反应器构造对初沉污泥产酸发酵的影响[45]。研究显示，反应器的构型对 VFAs 的产生速率没有影响，但是一定程度上影响 VFAs 的成分，活塞流反应器(例如上升流速较低的 USAB 反应器)能产生更多的乙酸，而 CMR 反应器则产生较多的长链 VFAs。

当污泥厌氧发酵仅用作产生大量的 SCOD 或 VFAs 目的时，由于水解酸化速率较小，也可以采用间歇式或半间歇式运行，即一次加料或连续进料，长期发酵，当达到所需的可溶解性物质的产量时，取出污泥停止发酵，然后又进入下一次发酵。间歇或半间歇式运行的反应器典型的有搅拌混合釜式或槽式反应器，形状与污泥混合状态类似于 CMR 反应器[72]。

总而言之，采用何种反应器或操作方式要经过试验进行确定。

7. 污泥粒径

粒径是影响颗粒状有机物水解酸化速率的重要因素之一。粒径越大，单位质量有机物的比表面积越小，水解速率也就越小。文献用可生物降解纤维素为代表性物质，就粒径对水解过程的影响进行了系统的分析[44]，结果见图 1-8。可见，当进水中颗粒态有机物浓度为 8 g/L，水解液 pH 为 5.6 的条件时，粒径越小，水解液中溶解态 COD 浓度越高，说明水解速率越大。

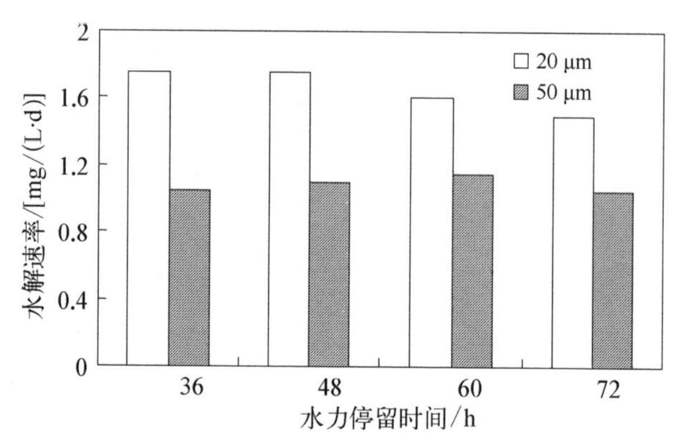

图 1-8　粒径对颗粒态有机物水解速率的影响

由于颗粒态有机物的粒径对水解速率和效率影响较大，因此，一些研究者建议，对含颗粒态有机物浓度较高的污泥，在进入水解反应器前可利用泵或研磨机破碎，以减小污染物的粒径，从而加快水解反应的进行[73-77]。如，Hwang 等采用机械钻头破碎活性污泥中的微生物结构，并且在 5～50 bar(1 bar=100 kPa)的压力下将其压碎[78]。由于微生物细胞质主要由蛋白质组成，所以用可溶的蛋白质浓度(SPC)来估计压碎的活性污泥微生物细胞量。总的说来，SPC 随着预处理压力从 5～30 bar 变化时，挥发性固体含量从 6%增加到 43%。

活性污泥经过机械式预处理，微生物细胞破碎的量越大，活性污泥厌氧处理的效率越高。如果将初沉污泥或剩余污泥经过机械式击碎和压碎再来产酸发酵，势必会提高产酸的效率。除去机械式破碎污泥的方式外，还有热水解、氧化裂解等方式，但是都需要高温和高压才能得到很好的效果，常温常压下实现存在一些困难[79-83]。

8. 污泥的类型和性质

城市污水处理厂产生的污泥按照来源的不同可以分为初沉污泥（来自初次沉淀池）、剩余污泥（来自活性污泥法后的二次沉淀池）、腐殖污泥（来自生物膜法后的二次沉淀池），这三种污泥可统称为生污泥或新鲜污泥。此外，还有消化污泥（生污泥经厌氧消化或好氧消化处理后的污泥，还称为熟污泥）、化学污泥（用化学沉淀法处理污水后产生的沉淀物）等。

国内外对污泥发酵产酸的研究多集中于采用初沉污泥或初沉污泥和剩余污泥的混合污泥，单独采用剩余污泥发酵产酸的研究甚少[8,13,39,46,84,85]。表1-5为初沉污泥和剩余污泥的性质对比[77]。可见，剩余污泥的部分性质不同于初沉污泥，但是剩余污泥的有机质含量为城市污水的10倍，其中生物易降解的有机组分含量为有机固体总量的59%～88%，也是很好的发酵产酸基质，其研究空间和实用意义甚大。

表1-5 初沉污泥和剩余污泥的性质一览表

项 目	初沉污泥	剩余污泥
总干重(TDS)/%水厂污泥总量	2.0～8.0	0.83～1.16
挥发性固体量/% TDS	60～80	59～88
油脂和脂肪/% TDS	13～65	5～12
蛋白质/% TDS	20～30	32～41
氮/% TDS	1.5～4	2.4～5.0
磷/% TDS	0.17～0.6	0.6～2.3
钾/% TDS	0～0.41	0.2～0.29

续　表

项　　　目	初沉污泥	剩余污泥
纤维素/% TDS	8.0～15.0	—
pH	5.0～8.0	6.5～8.0
碱度/($mg \cdot dm^{-3}$)(以 $CaCO_3$ 计)	500～1 500	580～1 100
有机酸/($mg \cdot dm^{-3}$)(以 Hac 计)	200～2 000	1 100～1 700
能源含量/($MJ \cdot kg^{-1}$)	23.2～29	18.6～23.2

污泥的组成是相当复杂的因素，但与产酸发酵有关的主要为污泥中可以水解发酵的基质的种类和存在形态等因素。污泥中可发酵的基质主要分为多糖、蛋白质和脂肪三类，其中能够被生物降解的部分称为“可生物降解有机物”，用生物需氧量来表示，即为“可生物降解 COD”。在相同的条件下，多糖、蛋白质和脂肪的水解速率依次减少。如，Yu 和 Fang 在 55℃时研究了蛋白质和多糖的水解[85]，发现多糖在 2 d 内水解完全，但是蛋白质在最初的 2 d 内浓度没有什么变化，2 d 后才有所降低，如图 1－9 所示。而同类有机物，分子量越大，水解越困难，相应地水解速率就越小。如，就糖类物质来说，二聚糖比三聚糖容易水解；低聚糖比高聚糖容易水解。就分子结构来说，直链比支链易于水解；支链比环状易于水解；单环化合物比杂环

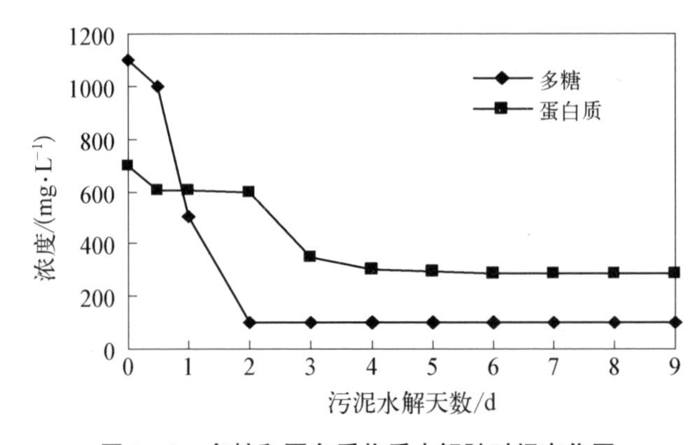

图 1－9　多糖和蛋白质物质水解随时间变化图

或多环化合物易于水解[44]。城市污水处理厂产生的初沉污泥和剩余污泥都可以采用水解发酵产酸的方式产生挥发性脂肪酸，既对污泥进行了减量化和部分无害化的处理，产生的脂肪酸又可以用于生物除磷，但是从表1-5中可以看出，初沉污泥和剩余污泥中所含的某些物质不同，即其污泥的性质有些不同，从而产酸速率和产量等将有所不同。

1.2.2 反应动力学和化学计量学

从1.2.1节的论述可以看出，国内外针对于污泥产酸的研究多集中在宏观上的工艺参数等影响因素的研究，而且多为产酸过程的现象描述。进入20世纪90年代以来，许多国外研究者还进行了污泥产酸宏观动力学和化学计量学的探讨，比如，Moser-Engeler等在中试规模的连续流反应器中，采用初沉污泥(60%)和剩余污泥(40%)进行发酵产酸[84]，发酵反应器为完全搅拌状态，VFAs的产量可以写作：

$$S_{\mathrm{A}}(T)=X_{\mathrm{S,O}}-(X_{\mathrm{S,O}}-S_{\mathrm{A,O}})\exp\{-k_{\mathrm{h}T_0}\exp[-\Theta_{\mathrm{h}}(T_0-T)]t\} \tag{1-10}$$

式中 S_{A}——VFAs的产生浓度，kg COD/m^3；

$S_{\mathrm{A,O}}$——原污泥浓度，kg COD/m^3；

T——污泥温度，℃；

T_0——污泥初始温度，℃；

t——平均水力停留时间，h；

k_{h}——水解速率常数，d^{-1}；

Θ_{h}——与水解速率常数有关的温度系数，$℃^{-1}$；

X_{S}——可以发酵的颗粒物浓度，kg COD/m^3；

$X_{\mathrm{S,O}}$——原污泥中可以发酵的颗粒物浓度，kg COD/m^3。

为了决定这些参数的数值，Moser等进行了30次批式试验，初沉污泥或混合污泥的体积共为 20 m^3,得到：$X_{S,O}$的最大值为总 COD(COD_{tot})的 30%；$S_{A,O}$约占 COD_{tot} 4.6±0.9%；在 20℃时，$k_h=0.11\ d^{-1}$；水解速率常数 k_h的温度系数 $\Theta_h=0.09℃^{-1}$。因此，等式(1-10)可表达为：

$$S_A(T)=0.3COD_{tot}-0.245COD_{tot}\exp\{-0.11\exp[-0.09(20-T)]t\} \tag{1-11}$$

Moser-Engeler 等经过批式试验证明，在水力停留时间为 10 d 之内时，式(1-11)是合理的，与实际测定偏差为 13%。混合污泥发酵所产的 VFAs 所占 SCOD 的相对平均含量分布是：乙酸 33%、丙酸 28%、正丁酸 14%，异丁酸、甲基丁酸和正戊酸仅占 2%～4%，还有 16%为没有识别的物质。

1997 年成立的 IWA 厌氧消化模型组织发展了传统的厌氧消化模型，建立了 IWA 厌氧消化模型 1(ADM1)[86,87]。其生化步骤包括：首先是复杂的颗粒物质经过胞外溶解转化成惰性物质、颗粒性碳水化合物、蛋白质和脂肪等，胞外溶解分为分解和水解，在很大程度上是非生物过程，分解步骤主要用来描述具有多种反应特性的混合颗粒物质(如初沉污泥或活性污泥)的降解，水解则用于描述定义明确、相对较纯的底物(如纤维素、淀粉和蛋白质进料)，所有的分解和水解过程都可用一级反应动力学来表达；第二步是颗粒性碳水化合物、蛋白质和脂类等在胞外聚合物(主要是胞外酶)的作用下水解为单糖、氨基酸和长链脂肪酸(LCFA)；单糖、氨基酸水解发酵为短链挥发性脂肪酸(Short chain fatty acids, SCFAs)和氢；LCFA 和大于两个碳原子的 VFAs 乙酸化为乙酸等。

城市污水处理厂的污泥水解发酵与废水中颗粒物的水解不完全相同，活性污泥系列模型(ASM1、ASM2、ASM2D、ASM3 等)中有关于颗粒物水解的模型不能完全模拟污泥水解发酵的过程，而且 ADM1 也不能完全解释复杂的污泥物质的水解发酵过程，污泥水解产酸过程的数学模拟仍需进一步研究和开发[88]。

1.2.3 微生物学

有些学者进行了与污泥发酵产酸有关的微生物学方面的研究。

Nybroe等测定和比较了中试规模的活性污泥和厌氧水解污泥中四种酶的活性[89]，这四种酶为α-葡糖苷酶、氨肽酶、酯酶和脱氢酶，研究发现，废水中酯酶和脱氢酶的活性与异养菌的微生物种群丰富性有关系；活性污泥和厌氧水解污泥中四种酶的活性明显不同，表现在种群不同、生理特性不同等；厌氧水解污泥中的酯酶和氨肽酶的活性低于活性污泥中的，但是α-葡糖苷酶是活性污泥中的3倍，原因可能是水解时污泥中的碳水化合物首先被水解；活性污泥中酶活性受进水组分影响较大，如进水中加入了水解淀粉的话，α-葡糖苷酶活性较高；酶活性受运行参数的影响不是很大。

Jung等采用Dyno磨碎机将剩余污泥颗粒磨碎，对破碎的剩余污泥中的蛋白酶、淀粉酶、葡萄糖苷酶、脂肪酶和脱氢酶活性进行了对比分析[90]。研究发现蛋白酶的活性高于其他的酶，且加入硫酸氨使蛋白质沉淀后，几乎69%以上的蛋白酶能恢复活性，而在－20℃条件下冷冻1个月却只有23%的蛋白酶能恢复活性。

随着PCR（聚合酶链式反应）、细菌特异性16S rRNA靶向寡核苷酸探针荧光原位杂交（Fluorescent in situ Hybridization，FISH）、荧光抗体染色等微观生物分子试验技术的采用，人们对污泥产酸机理将有更加清楚的认识[7]。

1.2.4 污泥产酸用于EBPR的影响因素及工艺研究

城市污水处理厂的初沉污泥或剩余污泥发酵产酸后，有利于后续的ENR过程，特别是有益于增强生物除磷过程（Enhanced Biological Phosphorus Removal，EBPR），而且在工程上是可以实现的[91-93]。

ENR过程包括增强生物除磷和脱氮过程，两者的生化净化过程都需要足够的碳源，将污水处理厂的初沉污泥或剩余污泥进行发酵后，改善了污泥的可生物降解性能，表现为 SCOD 增多，所以可以有益于整个 ENR 过程。当污水中的碳源不足时，生物除磷和脱氮过程就会出现碳源竞争，一般情况下，脱氮过程中的反硝化过程所需碳源容易满足。如，Ekema 等研究得到当 COD/TKN 在 7～9 之间时，采用 UCT 工艺可有效去除硝酸盐，而生物除磷过程却不能很好地进行[94]。这主要是由于生物除磷过程的原理不同于脱氮过程，其需要的有利基质为快速易降解的物质 VFAs 等。

许多研究者表明：在生物除磷的厌氧过程中加入易生物降解的基质（如发酵产物 VFAs）会提高除磷的效率[95-97]。VFAs 包括甲酸、乙酸、丙酸、正丁酸、异丁酸、正戊酸、异戊酸等短链脂肪酸，至于哪一种或哪几种酸更利于生物除磷的作用，多数研究者认为乙酸和丙酸有利于增强生物除磷作用，其中乙酸比丙酸的作用明显。如 Comeau 等对不同的短链 VFAs 增强生物除磷的作用进行了研究，研究发现除磷菌优先利用乙酸和丙酸[98]。然而也有学者提出不同的观点，如，Chen 等认为长期运行的环境中，丙酸/乙酸值高的反应器中除磷效果较好[99]；Hood 和 Randall 等在试验中得到丙酸比乙酸有较高的释磷量[100,101]；Abu-ghararah 等研究发现带有支链的有机酸，如异丁酸和异戊酸比直链的正丁酸和正戊酸能引起更多磷的释放，从而获得更好的除磷效率[102]。

一般来讲，进水中的基质浓度低于 60 mg/L 时难于进行生物除磷处理，只有当 BOD_5/TP＞20～30，COD/TKN＞9 时，方可在厌氧区获得良好的释磷效果[103]。Comeau 等对不同的短链 VFAs 增强生物除磷的作用进行了研究，研究发现去除 1 mg 的磷需要 6～9 mg 的 VFAs[104]；Lie 等报道中认为去除 1 mg 溶解性磷大约需要 20 mgVFA—COD[10]；Abu-ghararah 等的研究也认为每去除 1 mgP 至少需要 20 mgHAc—COD[102]。

此外，还有很多影响生物除磷的因素，如温度、pH、DO、厌氧好氧接触时间、污泥龄等，因为与本课题联系不是特别紧密，所以这里不再详细阐述。

除去上面叙述的宏观方面的一些研究外，有些研究者从微观方面进行了研究。比如，Eschenhagen 等 FISH 技术从分子结构角度，研究对比了厌氧/缺氧(EBPR，没有硝化)和 Phoredox 系统(EBPR，硝化和反硝化)中活性污泥的组成[105]。试验中采用了特别的探针识别聚磷菌(PAOs)，得到：两种污泥系统中 PAOs 的组成没有太大区别；Tetrasphaera spp. 占 PAOs 的主体，除此之外，还观察到了其他可能的 PAOs，如 Microlunatus spp. 和 Rhodocyclus 等。Goel 等在厌氧或好氧或厌氧—好氧序批式反应器(SBR)中不仅观测了四种胞外酶的活性[106]，还测定了胞内酶如脱氢酶的活性，这四种酶为：碱性磷酸酯酶、酸性磷酸酯酶、α-葡糖苷酶、蛋白酶。磷酸酯酶水解磷酸酯类物质并且使其放出磷酸盐，碱/酸性磷酸酯酶的最佳 pH 值不同，对于不同的基质其反应机理也不同。在厌氧 SBR 和好氧 SBR 中，得到：厌氧环境下 α—葡糖苷酶的活性高于好氧环境；蛋白酶受污泥接种环境影响较大；碱性磷酸酯酶和酸性磷酸酯酶的活性变化不大。在厌氧—好氧循环 SBR 中，得到：酶活性与细胞絮体有关系，而且变化不大。酶的活性势必影响生物除磷的效率，其中机理探讨仍需深入。

综上所述，污泥产酸用于 EBPR 过程研究属于生物除磷和污泥资源化研究的前沿领域，许多国内外研究仍处于现象描述阶段，其过程机理仍需从宏观和微观方面进行深入研究，从而对污水处理乃至保护人类生存环境带来实际意义。

1.3　课题背景与研究意义

本课题属于国家高技术研究发展计划(即 863 计划)青年基金项目："剩余污泥生物转化为有机酸用于增强生物除磷的研究"课题的研究。重点讨论剩余污泥转化为有机酸的优化工艺有关的内容。

采用城市污水处理厂的剩余污泥作为研究对象，主要是因为：

(1) 污水处理厂的污泥产生量大，危害日益严重。

随着城市化进程的加快，生活污水处理行业发展越来越快，产生的污泥量也越来越多，其总量占处理水量的 0.3%～0.5%(以含水率 97%计)。自 20 世纪 80 年代以来，欧美国家城市生活污水处理污泥产出量大增，欧盟 12 国年产污泥 650 万 t(干重，下同)[107]，美国为1 000万 t；日本为240 万 t[108]。

中国为发展中国家，其污水处理行业仍处于发展上升阶段。到 2003 年大部分城市的污水处理率将达到 20%左右，年产污泥量从 30 万 t 到几百万吨不等[109]。据 1996 年对中国 29 家城市污水处理厂的调查，每处理万吨废水，污泥的产生量为 0.3～3.0 t[110]。1992 年上海市以实际废水处理量核算的万吨废水污泥的产生量为 2.2～3.2 t。如何实现污泥的减量化、稳定化、资源化、无害化是城市污水处理厂面临的重大难题。

(2) 污泥发酵产酸过程产生的有机酸是营养物质生物去除必要的基质。

中国乃至世界的水体富营养化危害日益严重。从中国 2004 年环境状况公报中可知[111,112]：七大水系(长江、黄河、珠江、松花江、淮河、海河、辽河等)的 121 个省界断面中，Ⅳ～Ⅴ类和劣Ⅴ类水质断面比例分别为 33.9%和 29.8%，高于 2003 年的 32.2%和 29.7%，污染较重的为海河和淮河水系的省界断面。三湖(太湖、巢湖、滇池)等湖泊水库富营养化程度比 2003 年严重，水质均为劣Ⅴ类，主要污染指标是总氮、总磷。太湖全湖平均总氮、总磷为 2.82 mg/L 和 0.078 mg/L；滇池湖体属重度污染，其中草海污染程度重于外海，草海的总氮、总磷为 13.1 mg/L 和 1.295 mg/L，高于 2003 年的12.1 mg/L 和 1.176 mg/L；巢湖全湖平均总氮、总磷为 2.48 mg/L和 0.227 mg/L，虽然比 2003 年略有减缓，但仍属于劣Ⅴ类水体。海域污染也日益严重，赤潮累计发生面积达到 26 630 km^2，较 2003 年增加83.0%。

控制水体排磷量在国际上已经成为防治水体富营养化的重要策略。生物除磷法可以克服化学除磷法存在的化学药品费用高、产生大量额外的化学污泥、增加水体的含盐量等缺点,因而受到重视,并被广泛地研究。

生物除磷过程中,废水中脂肪酸的存在对于微生物高效除磷是十分必要的。然而,当废水的进水COD浓度较低时,脂肪酸的数量难以满足除磷菌的需要。解决这一问题可以考虑外加碳源,但是从废水和污泥处理系统内部,亦即从污水处理厂本身,将污泥进行水解酸化获取用于磷释放的生物易降解基质,比如乙酸和其他挥发性脂肪酸等则是一举两得的事情。此外,污泥经过水解酸化过程增加了生物易降解物质的含量,还可以在一定程度上解决生物除磷和生物脱氮过程中竞争碳源的矛盾,从而在增强生物除磷的基础上,还有利于增强生物脱氮的效果。

(3) 剩余污泥的性质与初沉污泥有些不同。

初沉污泥来自几乎没有生物去除功能的初次沉淀池或者沉砂池,主要组成成分包括砂、食品废物、沉淀的无机成分,还有部分有机成分等。其含水率介于95%~97%之间。相对于初沉污泥而言,剩余污泥的含水率高达99%以上,数量多,脱水性能差,因此,剩余污泥的处理和处置是比较麻烦的问题。但是,由于剩余污泥来自经过生物处理之后的二沉池,其有机质的含量为城市污水的10倍。有机物的含量占剩余污泥量的60%以上,生物易降解的有机组分也在40%以上,而这些生物易降解有机物主要是多聚糖、蛋白质等,它们在一定条件下可以转化为多种有机酸[78]。

(4) 国内外针对于剩余污泥发酵产酸的研究甚少。

从1.2节的论述可以看出,国外针对于污泥厌氧水解产酸及其用于生物营养物质去除过程的研究是近十几年才活跃起来,国内对此方面的研究甚少。除此之外,国内外的研究多集中于初沉污泥或初沉污泥和剩余污泥的混合污泥的处理,单独研究剩余污泥发酵产酸的甚少。因此,当剩余污泥经过水解酸化处理，其产生的有机酸用于除磷或脱氮的目的时，有必要对其发酵产酸的环境影响条件（温度、pH）、水解与酸化动力学、水解酶活性等内容进行研究。此外，还有必要深入了解其产生的有机酸的种类及数量、溶解性蛋白质、溶解性糖类、溶出的氨氮和磷的变化规律等内容。值得说明的是，在影响污泥发酵产酸的环境条件中，pH 值是比较重要的参数，近年来多数研究者发现碱性预处理或者调节污泥的 pH≥8.0，可以改善污泥的可生化降解性能，但是多数研究者没有对其产酸的规律进行比较详细的说明，当与温度、搅拌等因素共同考虑时，剩余污泥的发酵产酸过程将更加复杂[48,49]。

（5）对于许多进水 COD 低的污水厂有一定的实际意义。

中国许多污水厂，特别是一些南方污水厂建成后进水水质一般较低，五日生化需氧量（Biochemical Oxygen Demand for 5 days，BOD_5）平均为 80 mg/L左右，而总氮（Total Nitrogen，TN）、总磷（Total Phosphorus，TP）的含量却相对较高，COD/TN 经常在 7.0 以下，COD/TP 在 60 以下，如表 1-6所示。

表 1-6　中国南方城市部分城市污水处理厂进水水质

污水厂名称	水质指标					
	BOD_5/(mg·L^{-1})	COD/(mg·L^{-1})	TN/(mg·L^{-1})	TP/(mg·L^{-1})	COD/TN	COD/TP
武汉水质净化厂[113]	60.0	—	—	—	—	—
长沙第一污水厂[114]	60.4	—	—	—	—	—
桂林第四污水厂[115]	91.0	144.8	—	6.5	—	22.3
昆明第一污水厂[116]	92.0	188.0	29.1	3.4	6.5	55.3
昆明第二污水厂[116]	91.0	154.0	29.1	3.1	5.3	49.7
昆明第三污水厂[116]	84.0	162.0	26.2	2.8	6.2	57.9

续 表

污水厂名称	水质指标					
	BOD_5/(mg·L^{-1})	COD/(mg·L^{-1})	TN/(mg·L^{-1})	TP/(mg·L^{-1})	COD/TN	COD/TP
昆明第四污水厂[116]	106.0	198.0	28.1	3.1	7.0	63.9
广州大坦沙污水厂[117]	46.0	112.1	21.0	2.15	5.3	52.1
深圳罗芳污水厂[118]	128.1	216.8	22.7	2.9	9.5	74.8
珠海香洲污水厂[115]	75.5	158.9	12.4	3.2	12.8	49.7

针对于进水SCOD低的问题,可以考虑投加外碳源(如甲醇、乙酸等),但是污水处理量大,外加碳源会增加污水处理费用,实际应用并不是很多;还可以从污水处理厂内部获取碳源,如将处理厂产生的大量剩余污泥经过一定的处理(如厌氧发酵)来获取SCOD是可行的,一方面可增加污水中的易降解物质的量,有利于提高其除磷脱氮效率,另一方面可实现污泥的减量化和资源化,是一举两得的事情。此外,由于初沉池可以消耗一定量的易降解物质,许多污水厂在工艺上省去了初沉池,比如昆明第二污水处理厂,但是此举对于提高COD仍是有限的,这使得剩余污泥的处理和资源化利用非常关键。

总结1.3节的论述,本研究通过控制一定的环境条件和操作条件(例如温度、pH、搅拌速度等)使剩余污泥转化为生物可利用的SCOD,特别是VFAs。产生的SCOD或VFAs不是用于污泥消化而是用于提高生物营养物质(氮、磷)的去除效果。显然,剩余污泥经过这样的处理,既能产生ENR过程特别是EBPR过程所需的VFAs,又可减少剩余污泥对环境的污染,从而丰富生物脱氮除磷和污泥处理与资源化等理论基础研究内容,同时针对于中国南方许多污水厂碳源少的情况也有着一定的实际应用价值。

第2章 研究内容和测定方法

2.1 试验安排

本课题拟解决的技术难点、预期达到的目标、主要技术指标和水平为：要达到减少污泥排放对环境的污染以及充分利用污泥中的有机物质，必须提高污泥转化为可溶性 COD 的转化率，本研究的目标是使剩余污泥中生物易降解有机物质有 80%以上转化为可溶性 COD；由于增加污水中某些有机酸的含量（主要为乙酸和丙酸）对于提高生物营养物质的去除特别是高效生物除磷很有效，应努力提高有机酸中这种有机酸的含量。本研究的目标是该酸在产生的有机酸中的含量高于 30%。

为了达到或基本完成课题的要求目标，试验内容应包括研究不同环境条件、操作条件下剩余污泥水解发酵产酸的情况，找到最优的条件；在最优条件基础上，进行剩余污泥水解与酸化动力学的研究；对剩余污泥发酵产酸的过程的作用机理等进行探讨。试验内容主要分为三个部分：

1. 剩余污泥转化为有机酸的工艺研究

对剩余污泥在好氧和厌氧情况下的水解酸化结果进行对比分析，得出曝气量的大小或 DO 的含量大小对剩余污泥水解酸化的产物的影响；

探讨厌氧条件下不同的搅拌速度和方式对剩余污泥水解酸化的影响；当温度、搅拌速度和方式、发酵时间（间歇式操作的一次投料运行时间）、污泥浓度等条件不变的情况下，重点研究调节 pH 对剩余污泥厌氧水解酸化的影响。

2. 剩余污泥转化动力学的研究

根据前面试验研究的结果，选择较优的工艺条件，对剩余污泥水解动力学、酸化动力学、各种有机酸产生的动力学进行探讨。

3. 剩余污泥水解酸化的机理探讨

根据工艺研究的结果，对增强剩余污泥水解酸化结果的部分机理进行初步探讨。

2.2　试验用泥

试验所用剩余污泥来自上海市某污水处理厂（传统活性污泥法）的回流污泥泵房。

试验所取用的新鲜剩余污泥放置在恒温试验室中(21±1)℃24h 沉降，然后排除上清液，由于试验室内冰箱容量有限，冷藏(4℃)储存的污泥量有限，因此根据试验内容的不同可以稀释或再浓缩使用。

所用剩余污泥的性质（至少经过 3 次重复测定）在每一章的具体试验方法中进行详细介绍。

2.3　测试项目及分析方法

试验中测试的项目主要包括 COD、VFAs、各种 VFA、碳水化合物、蛋白质、脂肪与油脂、水解酶、溶出的氨氮[6]（NH_4^+—N和NH_3—N之和，在酸性条件下多以NH_4^+—N的形式存在，而在碱性条件下多以NH_3—N的形式存在）和正磷酸盐（PO_4^{3-}—P）等内容，下面对一些重点内容进行介绍。

2.3.1 VFAs的测定

1. VFAs样品处理和气相分析条件

各种VFA的定性和定量分析采用气相色谱法进行。测定前，样品先用中速定性滤纸过滤，再用0.45 μm的滤膜进行压滤式过滤，滤液收集在1.5 mL的气相色谱专用的棕色小瓶中，然后往每一小瓶中加入50～150 μL的3%的H_3PO_4，以确保每一样品的pH小于6.0[119]。气相色谱型号为HP5980Ⅱ型，检测器选用氢火焰检测器，色谱柱为30 m×0.32 mm×0.25 mm的Cpwax52CB，氮气为载气（流速为50 mL/min，没有进行分流设置）。进样器和检测器的温度分别设为200℃和220℃。采用程序升温，起始炉温110℃运行2 min，然后按照10℃/min的速度升温到220℃，在220℃时再运行2 min。一个样品的整个运行时间为15 min，每次进样的体积为1.0 μL。

2. 定性分析

采用保留时间定性，经过预分析测定，试验中剩余污泥水解酸化产物主要为六种短链脂肪酸，图2-1为其相应的出峰时间。图中2 min左右的峰值为杂峰，除此之外，从左到右6个峰依次是乙酸、丙酸、异丁酸、正丁酸、异戊酸、正戊酸，其相应的保留时间分别为4.2 min、5.3 min、5.6 min、6.2 min、6.6 min和7.4 min左右。此图为标准样品的色谱图，水样图中各有机酸的峰值大小不同，而出峰时间基本上在上述保留时间范围内。

3. 定量分析

采用外标法进行定量分析，按照峰面积计算水样中各种酸的浓度[120]。

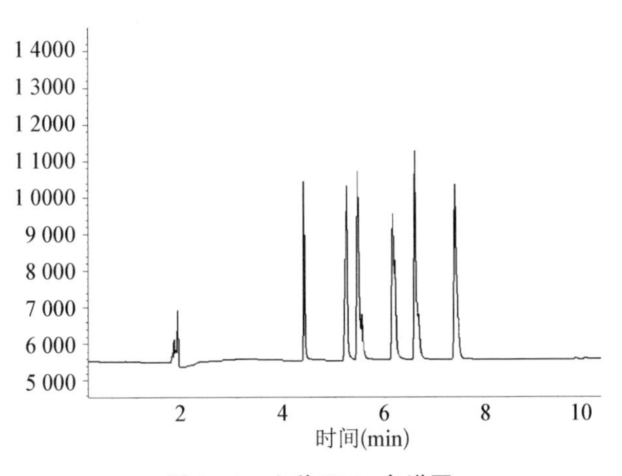

图 2－1　六种 VFAs 色谱图

首先将各种标准酸按照其密度和含量配成一系列的标准浓度，从气相色谱上测出其不同浓度和相应峰面积对应的六种酸的标准曲线；然后将水样中对应于不同保留时间的峰面积代入相应的标准曲线，从而得到各种有机酸的浓度值；最后将各种有机酸以 COD 的单位进行加和得到总的 VFAs。式(2－1)、式(2－2)为各种酸的浓度计算公式。表 2－1 为六种标准酸的密度和含量及其标准状态下的沸点。表 2－2 为六种短链脂肪酸的名称及相应的 COD 值。

表 2－1　各种有机酸的密度、含量和沸点(标准状态下)

名　称	药品等级	密度/($g \cdot mL^{-1}$)	含量/%	沸点/℃
乙　酸	分析纯	1.05	99.5	118.1
丙　酸	分析纯	0.991～0.995	99.5	137～141
异丁酸	化学纯	0.955～0.961	99.0	154.5
正丁酸	化学纯	0.946～0.950	98.5	161～165
异戊酸	化学纯	0.936～0.942	100	173～176
正戊酸	化学纯	0.929～0.937	98.0	184～187

表 2-2　剩余污泥发酵产生的六种有机酸的特性

产　物	碳原子数量	分子量(MW)/($g \cdot mol^{-1}$)	COD /($gCOD \cdot mol^{-1}$)	COD/MW /($gCOD \cdot g^{-1}$)
乙　酸	2	60.05	64	1.07
丙　酸	3	74.08	112	1.51
异丁酸	4	88.11	160	1.82
正丁酸	4	88.11	160	1.82
异戊酸	5	102.13	208	2.04
正戊酸	5	102.13	208	2.04

$$\frac{C_i \cdot V_i}{C_S \cdot V_S} = \frac{\Lambda_i}{A_S} \tag{2-1}$$

因为试验中 $V_i = V_S = 1\ \mu L$，所以式(2-1)可以写作：

$$\frac{C_i}{C_S} = \frac{A_i}{A_S} \tag{2-2}$$

式中　C_i——样品中有机酸的浓度，mg/L；

V_i——样品的进样体积，试验中取 1.0 μL；

C_S——标准样品中有机酸的浓度，mg/L；

V_S——标准样品的进样体积，试验中取 1.0 μL；

A_i——样品中有机酸的峰面积；

A_S——标准样品中有机酸的峰面积。

注意：样品和标样的保留时间基本上一致的情况下，式(2-1)和式(2-2)才适用。

2.3.2　气体的测定

剩余污泥水解酸化过程中，会生成 CO_2、H_2 和 CH_4 等气体。气样采用集气袋进行收集，利用带有热导检测器的气相色谱进行测定，气相色谱的型号导津 GC－14B 型，色谱柱为长 3 m 且装填了 GDX104 填料的不锈钢柱。载气为氮气，流速为 30 mL/min。进样器、炉温、检测器的温度分别为 40℃、50℃和 90℃。样品的定性定量方法类似于 VFAs 的测定。每次进样 100 μL。图 2－2 为对应于不同保留时间的气样图(条件所限，数码相机拍摄)。图中编号 1、3、4 分别对应 H_2、CH_4、CO_2，出峰时间依次为 0.56 min、1.01 min、1.75 min左右。此图为混合的标准气样色谱图，样品中气体的峰值大小会有不同，而出峰时间基本上在上述保留时间范围内。

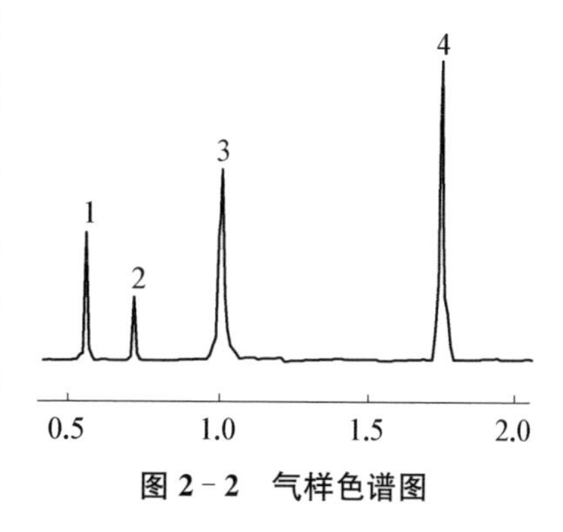

图 2－2　气样色谱图

2.3.3　碳水化合物、蛋白质、脂肪与油脂的测定

试验中碳水化合物的测定采用蒽酮方法[121]。测试原理为碳水化合物中加入浓硫酸煮沸后形成糠醛，此物质同芳胺族物质(这里为蒽酮)反应生成有颜色的物质，在 625 nm 处有高的吸收峰，可采用分光光度法测定。溶解性的碳水化合物样品要经过 0.45 μm 的滤膜过滤后测定，颗粒性的碳水化合物为总糖减去溶解性的值。

溶解性蛋白质的测定采用 Lowry-Folin 方法[122]。测试采用的试剂由两部分组成，试剂甲(相当于双缩脲试剂)可与蛋白中的肽键起显色反应，试剂乙(磷钨酸和磷钼酸混合物)在碱性条件下极不稳定，易被酚类化合物还原而呈蓝色反应，在 500 nm 处有最大吸收峰。总蛋白质的量通过计算获得，如式(2－3)所示[123]。

$$总蛋白质 = \frac{TKN - IN}{0.16} \tag{2-3}$$

式中　TKN——总的凯氏氮，mg/L；

IN——无机氮，包括氨氮、硝氮、亚硝氮等，mg/L。

脂肪的测定采用索氏提取重量法，溶剂为沸点 30℃～60℃的石油醚[124]。液态油脂的测定采用重量法，原理为以盐酸酸化水样（pH<2.0），用石油醚萃取矿物质，蒸除石油醚后，称其重量[125]。

为了便于比较，测出的碳水化合物、蛋白质、脂肪和油脂的含量最后都以 COD 为单位，表 2-3 为其相应的 COD 当量[126]。

表 2-3 碳水化合物、蛋白质、脂肪和油脂的 COD 当量

物　质	代表分子式	氧化电位变化	COD 当量（gCOD/g 物质）
碳水化合物	CH_2O	C 到+Ⅳ	1.07
蛋白质	$C_{16}H_{24}O_5N_4$	C 到+Ⅳ	1.50
脂肪和油脂	$C_8H_{16}O$	C 到+Ⅳ	2.88

2.3.4 酶的测定

试验中对四种胞外酶进行了测定，测试方法见表 2-4。

表 2-4 酶的测试方法[127]

各种酶	培养基质	培养测定条件	混合比例	反应终止药剂
碱性磷酸酶	0.1%对硝基苯磷酸二钠	在(37±1)℃恒温箱中培养 30 min，终止反应，混合液在 4 000 r/min 下离心 5 min，上清液在 410 nm 测定	0.2 M 的 2 mL 碳酸盐-重碳酸盐缓冲液（pH 9.6）：1 mL 基质：1 mL 剩余活性污泥	2 mL 0.2 M NaOH
酸性磷酸酶	0.1%对硝基苯磷酸二钠	在(37±1)℃恒温箱中培养 30 min，终止反应，混合液在 4 000 r/min 下离心 30 min，上清液在 410 nm 测定	0.2 M 的 2 mL 乙酸缓冲液（pH 4.8）：1 mL 基质：1 mL 剩余活性污泥	2 mL 0.2M NaOH

续 表

各种酶	培养基质	培养测定条件	混合比例	反应终止药剂
α—葡萄糖苷酶	0.1%对硝基苯α—D吡喃葡萄糖苷	在(37±1)℃恒温箱中培养60 min,终止反应,混合液在4 000 r/min下离心30 min,上清液在440 nm测定	0.2 M的2 mL三羟甲基氨基甲烷(Tris)-HCl缓冲液(pH7.6):1 mL基质:1 mL剩余活性污泥	沸水浴中加热3 min
蛋白酶	0.5%含氮铬蛋白	在(37±1)℃恒温箱中培养90 min,终止反应,混合液在4 000 r/min下离心30 min,2 mL上清液中加入2 mL 2 M NaOH,在410 nm测定	1 mL基质:3 mL剩余活性污泥	2 mL 10%三氯乙酸

2.3.5 其他测试项目及方法

表2-5为其他项目的测试方法与使用仪器一览表。其中,SCOD、氨氮(NH_4^+—N和NH_3—N之和[6])、NO_3^-—N、NO_2^-—N、PO_4^{3-}—P等为样品的溶解性指标,采用0.45 μm的滤膜(安谱公司)过滤后进行测定。测试项目均按APHA[128]或参照中国国家规定的标准分析方法[125]进行。

表2-5 测试指标及分析方法

测试指标	方 法	仪器及型号
温度	—	水银温度计
DO	膜电极法	810A+型溶解氧测定仪
ORP	—	*ORP*-412型
pH	玻璃电极法	E-201-9 pH计
TSS	103℃~105℃烘干重量法	202AS-2型数显不锈钢电热恒温干燥箱

续 表

测试指标	方 法	仪器及型号
VSS	550℃灼烧减量法	马弗炉
BOD_5与BOD_{20}	生物呼吸速率法	SPX-150B型生化恒温培养箱
SCOD和COD	重铬酸钾标准法	COD数显消解炉
PO_4^{3-}—P	钼锑抗分光光度法	752N紫外可见分光光度计
氨氮	纳氏试剂光度法	752N紫外可见分光光度计
NO_3^-—N	紫外分光光度法	752N紫外可见分光光度计
NO_2^-—N	N-(1-萘基)-乙二胺光度法	752N紫外可见分光光度计
TKN	蒸馏—纳氏试剂光度法	752N紫外可见分光光度计
TP	过硫酸钾消解—钼锑抗分光光度法	752N紫外可见分光光度计
TN	过硫酸钾氧化—紫外分光光度法	752N紫外可见分光光度计

第3章

剩余污泥水解酸化的工艺条件研究*

3.1 好氧与厌氧水解酸化比较

3.1.1 试验方法

试验在恒温室中进行，剩余污泥温度稳定在(21±1)℃。磁力搅拌器对污泥进行匀速搅拌。7个剩余污泥有效体积为1 L的平底敞口玻璃烧杯放置在磁力搅拌器上，其中6个烧杯中放置了曝气器(体积较小的粘砂块，不影响搅拌)，另外1个没有放置曝气器，做厌氧水解酸化对比。采用开口可调的管夹控制曝气量，每日测定DO 4～6次，基本上能保证6个烧杯中的DO量分别为0.2 mg/L、0.4 mg/L、0.8 mg/L、1.8 mg/L、3.6 mg/L、7.0 mg/L。试验中pH值不进行调节。反应间歇式运

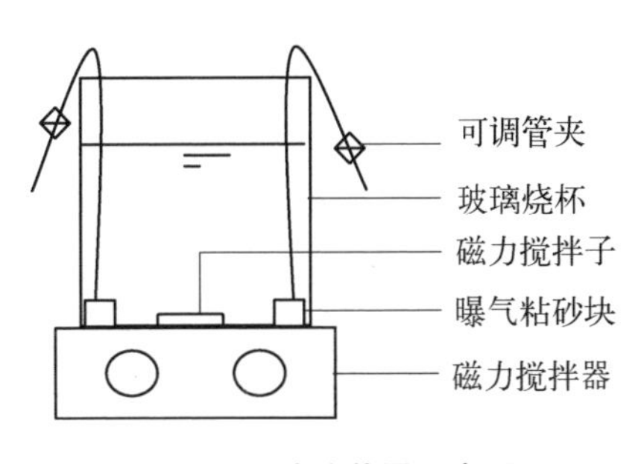

图3-1 试验装置示意图

* 本章部分内容发表在*Environmental Science and Technology*，2006，40(7)。另有部分内容被《环境科学》录用，还有部分内容投稿到2006IWA北京国际会议。

行，即一次装料，长期发酵。试验装置如图 3-1。剩余污泥性质见表 3-1。试验中将剩余污泥进行了稀释使用，稀释后 $SS=(5\ 163\pm155)$ mg/L，$VSS=(3\ 927\pm47)$ mg/L。

表 3-1 剩余污泥的初始特性

测 试 项 目	平均值	标准偏差
pH	6.8	0.2
TSS	13 808	743
VSS	10 815	159
SCOD	41	21
TCOD	13 407	573
BOD_5	5 417	440
PO_4^{3-}—P	45.9	9.5
氨态氮	17	9.84
碳水化合物(以 COD 计)	1 522	332
总蛋白质(以 COD 计)	8 180	103
脂肪和油脂(以 COD 计)	131	8

注：除了 pH 值外，其他指标单位均为 mg/L。

3.1.2 试验结果与分析

1. 曝气量对 SCOD 的影响

图 3-2 为不同的曝气量对 SCOD 的影响。从图中可以看出，厌氧和好氧水解酸化条件下，随着发酵时间的延长，SCOD 值基本上逐渐增长，且厌氧条件下 SCOD 值高于好氧条件。好氧条件下，在第 4 d 的值没有太大区别，为 60 mg/L 左右；第 4 d 之后，DO 值为 0.8 mg/L、1.8 mg/L、3.6 mg/L 时，SCOD 值没有什么增长，而是随着发酵时间的延长略有降低；DO 值为 7.0 mg/L 时，第 4 d 之后 SCOD 值略有增长；而 DO 值为 0.2 mg/L、

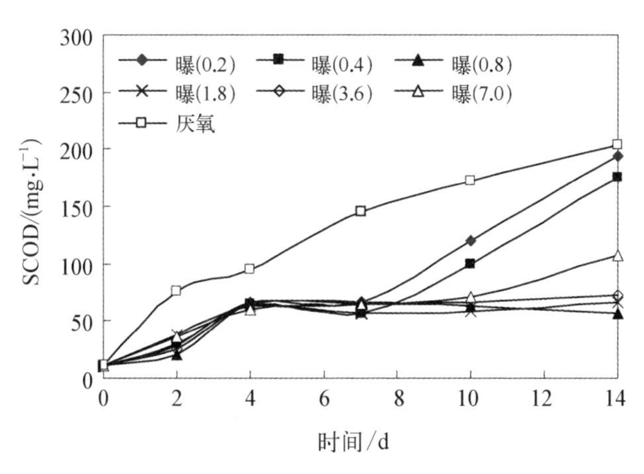

图 3-2　曝气量对 SCOD 的影响

0.4 mg/L，第 4 d 之后 SCOD 值有所增长，且 SCOD 值增长顺序为厌氧＞曝(0.2)＞曝(0.4)；第 14 d 时，厌氧水解酸化条件下得到的最大 SCOD 值约为200 mg/L。

从图中还可以看出，随着发酵时间的延长，厌氧水解酸化明显利于 SCOD 值的生成，曝气量越低也越利于得到更多的 SCOD[曝(0.2)＞曝(0.4)]，这说明对剩余污泥水解酸化过程起主要作用的为专性厌氧或兼性厌氧菌，厌氧环境或低氧环境利于这些微生物的生存，从而在胞外酶的作用下将污泥中的复杂有机物分解成水溶性的简单化合物。除此之外，在厌氧或低氧环境下，厌氧微生物生长过程对 SCOD 的利用速率要小于好氧微生物在较高或高曝气量时对 SCOD 的利用情况，这也使得厌氧 SCOD 值高于好氧条件。当 DO 值为 0.8 mg/L、1.8 mg/L、3.6 mg/L、7.0 mg/L 时，随着曝气量的增加，溶出 COD 的值也有所增加，原因可能是本试验条件下，剩余污泥在较大曝气量的较长时间的吹脱下，使污泥颗粒的胞外聚合物(Extra Cellular Polymers，ECP，主要成分为蛋白质和糖类)逐渐释放并在胞外水解酶的作用下分解[129,130]，且能使一些污泥颗粒解体，某些胞内的溶解性聚合物也逐渐释放出来，从而 SCOD 值升高，曝气量越大此现象越明显。但是还存在着好氧微生物对 SCOD 的氧化利用情况，且氧化产物多为 CO_2 和 H_2O，因而 SCOD 值仍然低于厌氧水解酸化。

2. 曝气量对 VFAs 的影响

图 3－3 为曝气量对 VFAs 的影响。从图中可以看出，当 DO 值为 0.2 mg/L、0.4 mg/L、0.8 mg/L、1.8 mg/L、3.6 mg/L、7.0 mg/L 时，在剩余污泥发酵第 10 d 和第 14 d 时几乎没有 VFAs 的生成，只是在第 5 d 的时候，DO值为 0.2 mg/L、0.4 mg/L 时有少量的 VFAs 的生成，且小于 5 mg/L；在厌氧水解酸化条件下，发酵第5 d、第 10 d 和第 14 d 时得到 VFAs 值分别为 43.14 mgCOD/L、85.71 mgCOD/L 和 23.96 mgCOD/L 左右。可见，厌氧水解发酵较之好氧条件更加利于 VFAs 的产生。重复此试验得到相似的结果。

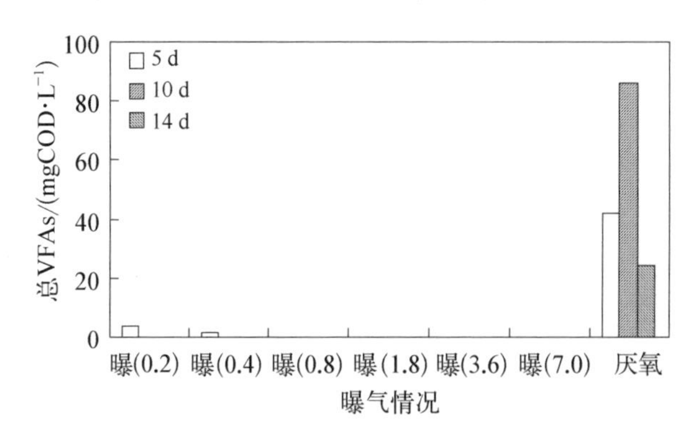

图 3－3　曝气量对 VFAs 的影响

分析原因，可能是大多数产酸微生物为专性厌氧或兼性菌，好氧产酸菌很少[6]，所以即使较小的曝气量，也不利于厌氧产酸微生物的长期生存，某些兼性的产酸菌可能会产生少量的 VFAs，但是在好氧状态下促进 VFAs 的分解及挥发，因而几乎没有测定到溶解性 VFAs 的产生。

3. 曝气量对 PO_4^{3-}—P、NO_3^-—N 的影响

试验对好氧、厌氧水解酸化过程中，PO_4^{3-}—P、NO_3^-—N 的产生进行

了测定和比较，见图 3－4。从图中可以看出，剩余污泥在 14 d 的厌氧水解酸化过程中，产生的溶解性正磷酸盐（PO_4^{3-}—P）较好氧过程多，且随着发酵时间的延长而增多，原因可能是剩余污泥为污水处理厂经过生物处理的二沉污泥，其主要成分为微生物（本试验中 *VSS*/*SS* 约为 75%），厌氧水解酸化过程使微生物胞内外的聚磷酸盐解体分解并不断释放出来。根据 Holmers 提出的化学式，活性污泥的组成为$C_{118}H_{170}O_{51}N_{17}P$[3]，即1 g活性污泥中约有 0.018 gP，试验中测的污泥中含磷量与之类似，则污泥的理论释磷量为 70.7 mg/L 左右。图 3－4 中厌氧水解酸化在 14 d 的释磷量为 54.8 mg/L 左右，比较接近最大理论值；DO 值为3.6 mg/L、7.0 mg/L时，溶出的 PO_4^{3-}—P 也是随着发酵时间的延长而逐渐增多，原因类似于前面产生 SCOD 的分析，即剩余污泥在较大曝气量的较长时间内吹脱下，污泥颗粒解体，致使胞内的聚磷酸盐也逐渐分解溶出的缘故；

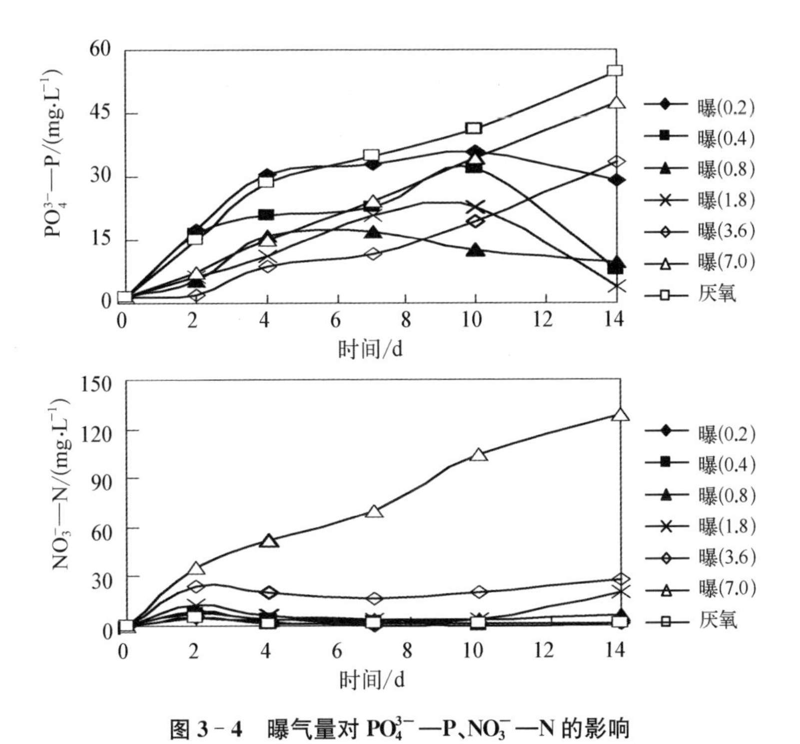

图 3－4 曝气量对 PO_4^{3-}—P、NO_3^-—N 的影响

DO 值为 0.2 mg/L、0.4 mg/L、0.8 mg/L、1.8 mg/L 时，溶出的 PO_4^{3-}—P 的变化基本上为先是渐渐升高，然后到达某一最高值后而渐渐减小，原因可能是低于2.0 mg/L的曝气量对微生物胞内结构破坏性不大，只是使胞外中原有的某些聚磷酸盐解体，但是溶出的 PO_4^{3-}—P 在好氧状态下可以被好氧微生物吸收利用，当吸收利用的速率超过溶出的速率时，污泥中溶解性的 PO_4^{3-}—P 就开始逐渐减少。

与 PO_4^{3-}—P 的变化不同，NO_3^-—N 基本上是曝气量越大产生量越多，厌氧情况下几乎没有 NO_3^-—N 的产生，因为 NO_3^-—N 一般是氨氮通过亚硝化菌、硝化菌发生亚硝化或硝化反应产生的，而亚硝化或硝化反应在有氧的情况下才能很好地进行，据试验结果证实，DO 含量不能低于 1 mg/L[3]。从图 3-4还可以看出，虽然厌氧水解酸化过程中 NO_3^-—N 的产生量极少，随着发酵时间的延长越来越少，但是在前 4 d 之内仍溶出少量的 NO_3^-—N (5.0 mg/L)，原因可能是敞口的烧杯试验装置有少量的表面复氧过程，当污泥浓度较高时，NO_3^-—N 会有所增加，而剩余污泥中一旦有 NO_3^-—N 存在时，就会利用水解酸化产物进行反硝化过程，使 SCOD 值有所减小，后面章节对此有进一步说明。

4. 曝气过程中 pH 的变化

好氧和厌氧水解酸化过程中，pH 没有进行控制，其变化过程如图3-5所示。从图中可以看出，除去 DO 值为 3.6 mg/L、7.0 mg/L 的情况，在其他条件下，pH 变化不大，基本上在 7.1～8.0 之间，厌氧时 pH 较低，在 6.5～7.0 之间。

对 pH 变化略作分析：厌氧水解酸化过程中，由于 VFAs 的产生，pH 值先是有所下降，随后复杂的滞后分解有机物（如蛋白质等）慢慢水解（有关蛋白质物质的滞后水解内容在第 5 章机理中进一步验证和分析），氨氮有所增加，同时还伴随着 VFAs 的产生，所以 pH 上升不大，除此之外，逐渐溶出的 PO_4^{3-}—P 对污泥中 pH 也有一定的缓冲作用，从

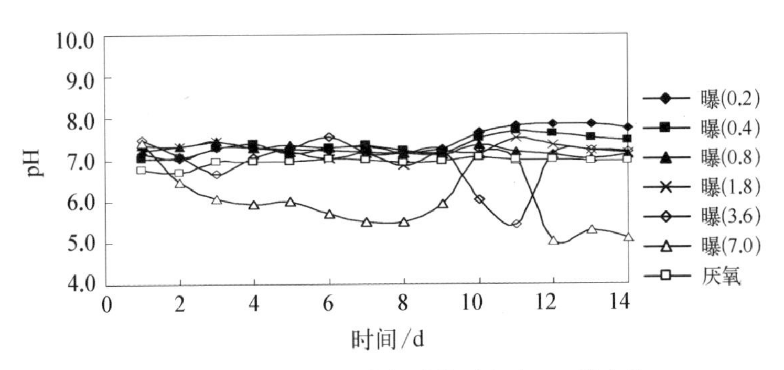

图 3-5　好氧与厌氧水解酸化过程中 pH 的变化

而使 pH 基本上维持在 7.0 左右；DO 值为 0.2 mg/L、0.4 mg/L 时，接近于厌氧情况，污泥发酵前期有少量的 VFAs 产生，但是值太小所以使 pH 几乎没有什么变化，其后，随着滞后分解的含氮有机物的水解作用，污泥中氨氮增加，且曝气量低对氨氮几乎没有氧化作用，从而使 pH 开始慢慢上升，最后达到较高值(DO 值为 0.2 mg/L、0.4 mg/L 时，分别为 7.8 和 7.7)；DO 值为 0.8 mg/L、1.8 mg/L 时，对滞后分解的含氮化合物的吹脱分解或水解分解能力较小甚至可以忽略不计，从图 3-4 得知产生 NO_3^-—N 的量也极少，即说明硝化反应也不明显，所以释放出的 H^+ 也较少，从而 pH 变化不大，基本上在 7.0 左右；DO 值为 7.0 mg/L 时，pH 值先是下降到 5.5 左右，然后在发酵第 10 d 上升到 7.0 左右，随之又下降到 5.0 左右，主要因为高曝气量使污泥发生硝化反应，产生 NO_3^-—N 的同时释放出 H^+，致使污泥中 H^+ 浓度增高，从而使 pH 下降，但是污泥在高曝气量的长时间吹脱下可以使滞后分解的含氮有机物开始分解，溶液中氨氮含量逐渐升高，从而 pH 下降趋势受到抑制，转而上升，随后氨氮又被氧化，pH 又开始下降；DO 值为 3.6 mg/L 时，对污泥的吹脱能力没有 7.0 mg/L 那么强，硝化反应和氨氮产生反应相互竞争，从而 pH 忽高忽低，变化没有规律。

3.2 搅拌对剩余污泥厌氧发酵的影响

根据3.1节的研究，厌氧条件比好氧条件能够产生较多的SCOD和VFAs，所以在后面的剩余污泥的水解酸化研究中不再采用曝气装置。本试验中，对三种污泥接触方式进行了对比研究，分别为机械式搅拌接触、磁力搅拌接触、震摇式混合接触。除此之外，对机械式搅拌接触中搅拌速度的影响也进行了对比研究。

3.2.1 试验方法

恒温条件下，剩余污泥温度在(21±1)℃左右，采用机械式搅拌器使剩余污泥处于机力剪切状态[简称为搅(Ⅰ)]；在装置中放置磁力搅拌子，使剩余污泥处于旋转混合状态[简称为搅(Ⅱ)]；采用摇床装置，使剩余污泥处于震摇式混合状态[简称为搅(Ⅲ)]。其中机械式搅拌方式类似于厌氧消化池中采用的螺旋桨搅拌方式，在实际工艺中较常用，本试验使其处于中速搅拌(120 r/min)状态；磁力搅拌方式使污泥沿一个方向循环混合，转速无法精确控制，但可以通过设置使污泥处于类似于搅拌混合的状态；震摇式混合是污泥内部没有搅动的装置，采用外力使污泥不断震摇混合，摇床的转速设为120 r/min左右。机械搅拌和磁力搅拌采用的装置类似于图3-1，只是机械搅拌时玻璃装置换为有机玻璃装置；摇床搅拌时，为了避免污泥喷溅和装置倾倒，采用有效体积为0.5 L的锥形瓶，封口且外面用带粘垫的布包裹。对三种搅拌接触方式对比的同时，作不搅拌的对照试验。剩余污泥的性质同表3-1，没有进行稀释。试验过程中pH值不进行调节。

机械式搅拌接触中，搅拌速度的快慢对剩余污泥的水解酸化结果影响也较大，试验中对比分析了搅拌速度分别为20～40 r/min[简称为搅(20～40)]、

60～80 r/min[简称为搅(60～80)]、100～120 r/min[简称为搅(100～120)]、190～210 r/min[简称为搅(190～210)]、410～430 r/min[简称为搅(410～430)]时的试验结果。试验装置如图 3－6 所示，为直径 100 mm，高 250 mm，且有效体积为 1.5 L 的有机玻璃反应器，从装置中的上、中、下三个取样口分别取样，混合均匀后进行测定。

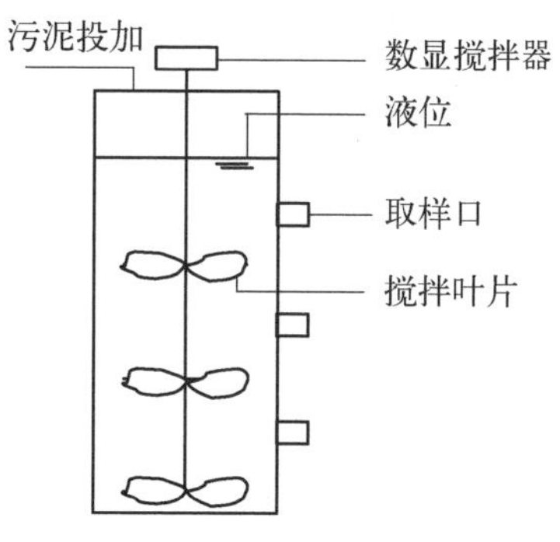

图 3－6　试验装置简图

3.2.2　试验结果与分析

1. 不同搅拌方式对 SCOD 和 VFAs 的影响

图 3－7 为不同搅拌方式对 SCOD 的影响。从图中可以看出，4～20 d 的厌氧发酵时间内，除去搅(Ⅲ)方式外，其他搅拌方式下，SCOD 值越来越高，且搅(Ⅰ)方式明显大于其他搅拌方式；搅(Ⅲ)方式在发酵初始阶段(8 d 之内)，SCOD 值较高，之后逐渐降低，到了第 20 d 降到 140 mg/L 左右；当对剩余污泥不进行搅拌时，溶出的最大 SCOD 明显小于三种搅拌方式。

图 3－8 为不同搅拌方式对总 VFAs 的影响。从图中可以看出，搅(Ⅰ)方式明显优于其他搅拌方式，表现为产生的最大值高于其他搅拌方式；除

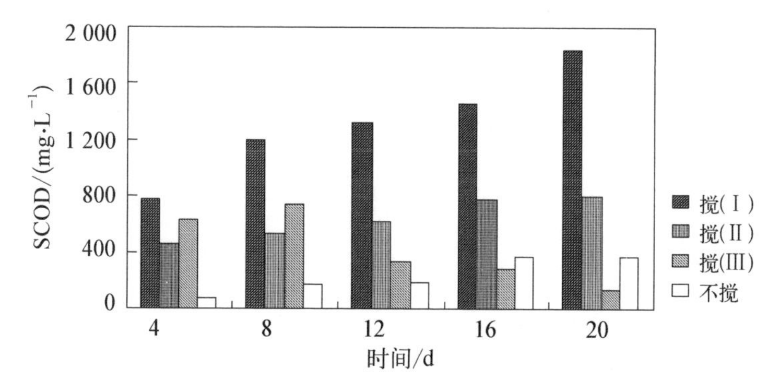

图 3－7　不同搅拌方式对 SCOD 的影响[搅(Ⅰ)、搅(Ⅱ)和搅(Ⅲ)分别为机械式搅拌、磁力搅拌和摇床混合]

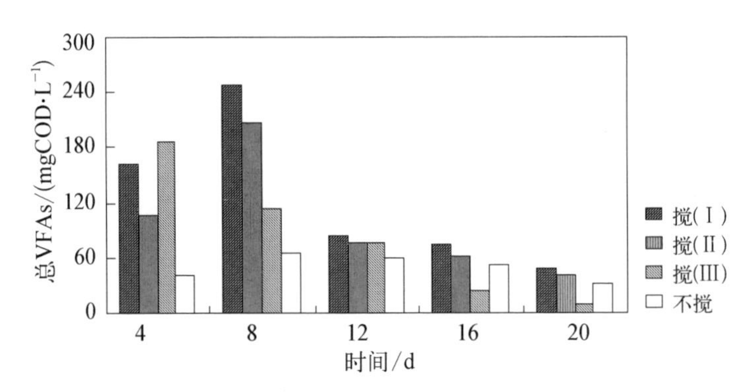

图 3-8　不同搅拌方式对总 VFAs 的影响

去搅(Ⅲ)方式外,其他搅拌方式下,厌氧发酵的第 8 d 产生的总 VFAs 值较高;搅(Ⅲ)方式下,4～20 d 的厌氧发酵时间内,总 VFAs 产生值逐渐减少;三种搅拌方式比不搅拌的情况有利于总 VFAs 的产生。

总而言之,本试验条件下,机械式搅拌方式比其他的搅拌接触方式更加有利于实现剩余污泥颗粒之间的有效接触,表现为厌氧发酵产物(如 SCOD、总 VFAs)的最高产值大于其他搅拌方式,可能由于搅拌叶片的不断剪切作用有利于实现污泥颗粒的充分接触,同时部分颗粒可能被破碎,从而使污泥颗粒的胞外聚合物(ECP)溶出来,因此产生的 SCOD 值渐渐升高,相应产生的总 VFAs 也较高;摇床震摇方式对剩余污泥颗粒几乎没有剪切作用,因此其 ECP 等物质释放较少,表现为产生的 SCOD 最大值小于机械式搅拌方式,且随着 SCOD 物质的利用不断减少;磁力搅拌方式由于在污泥中放置搅拌子,使污泥颗粒的接触作用较充分,也存在着一定的剪切作用,其产生的 SCOD 和总 VFAs 介于机械式搅拌和摇床混合方式之间;当对剩余污泥不进行搅拌时,污泥处于静置状态,污泥颗粒之间没有实现充分的有效接触,因此溶出的 SCOD 值和产生的总 VFAs 都明显小于其他搅拌接触的方式。

2. 不同搅拌速度对 SCOD 和 VFAs 的影响

从上文可知,机械式搅拌方式有利于实现剩余污泥颗粒间的充分接触，同时还可能使部分颗粒破碎，那么，是不是搅拌速度越大，这种接触作用或剪切作用越有利于 SCOD 的溶出和 VFAs 的生成呢？

图 3-9 为不同搅拌速度对 SCOD 的影响。从图中可以看出，搅拌速度的提高有利于 SCOD 的生成，搅拌速度为 410～430 r/min 时，产生的 SCOD 值明显大于较低的速度，说明随着搅拌速度的提高，颗粒之间的接触作用增强，同时破碎作用也越来越强，使颗粒变得细而均匀，从而提高了污泥的可生化降解性能，这同一些研究者采用机械作用（如高速剪切和超声波等）提高污泥的水解速率和效率是一致的[5]。

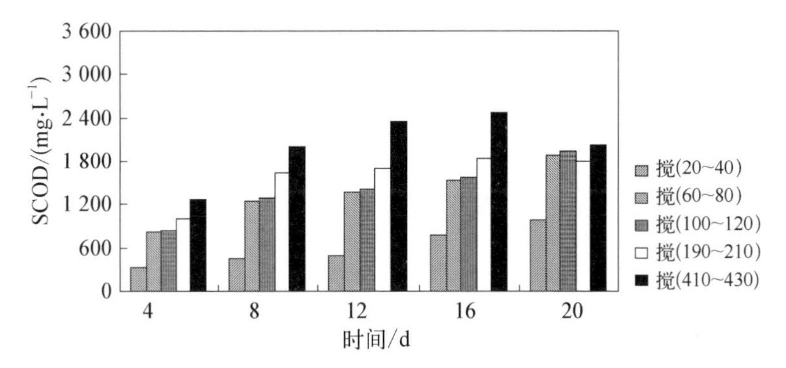

图 3-9　不同搅拌速度对 SCOD 的影响

但是，如此高速的搅拌作用，其产生的 VFAs 值并不是最高的，如图 3-10所示。从图中可以看出，本试验条件下，搅拌速度为 60～80 r/min 时，产生的总 VFAs 值明显大于其他的搅拌速度，随着搅拌速度的进一步提高，VFAs 值却逐渐减少，原因可能是高速搅拌的状态下，不但污泥颗粒的完整性被破坏，而且部分酶的活性也遭到不能恢复的破坏。除此之外，高速搅拌使污泥处于剧烈搅动状态，大气中的氧不断地溶入，使反应器的厌氧环境受到影响，部分只有在厌氧环境中生存的水解产酸菌活性受到影响，从而产酸效率下降，搅拌速度越大这种影响越明显。

针对于图 3-6 所示的间歇式机械搅拌反应器，根据生化反应器中机械搅拌槽式反应器的传递特性，搅拌器输出的轴功率 P(W) 与下述因素有

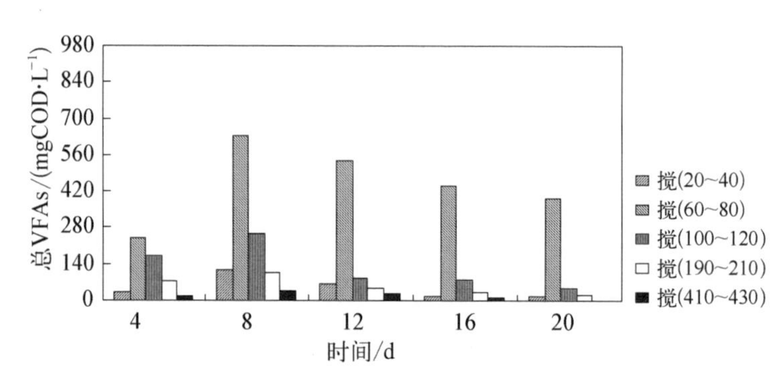

图 3-10　不同搅拌速度对总 VFAs 的影响

关[131]：反应器直径 D(m)、搅拌器直径 d(m)、污泥有效液位 H_L(m)、搅拌器的转速 n(r/min)、污泥黏度 μ(Pa・S)和密度 ρ(kg/m^3)、重力加速度 g(m/s^2)以及搅拌器形式和结构等。

因为 D、H_L 均与 d 之间有一定的比例关系，另外假定剩余污泥为牛顿型流体，在搅拌转速为 60～80 r/min 时，污泥处于完全混合且没有漩涡出现，可以认为污泥处于湍流状态[132]。且当 $D/d=3$，$H_L/d=3$ 时，P 可以表示为：

$$P = Kn^3 d^5 \rho \tag{3-1}$$

式中，K 为与搅拌器类型、反应器几何尺寸有关的常数，根据戚以政等的描述[131]，本试验中 K 值近似为 0.4。

试验中，$D=100$ mm，$d=50$ mm，H_L 近似为 191 mm，可见不满足 $D/d=3$ 和 $H_L/d=3$ 的情况，此时 P 可用下式校正：

$$P^* = fP \tag{3-2}$$

f 为校正系数，由下式确定：

$$f = \frac{1}{3}\sqrt{\left(\frac{D}{d} \cdot \frac{H_L}{d}\right)} \tag{3-3}$$

由于反应器的高径比 H/D 一般为 2～3，因此在同一轴上往往装有多层搅拌器。对于多层搅拌器的轴功率可按下式估算：

$$P_m = P^*(0.4 + 0.6m) \tag{3-4}$$

式中，m 为搅拌器层数，本试验中为3。

剩余污泥的比重 γ（为污泥重量与同体积的水重量之比值）可以按照下式近似计算[3]：

$$\gamma = \frac{25\,000}{250p + (100 - p)(100 + 1.5p_v)} \tag{3-5}$$

式中　p——剩余污泥含水率，%；

p_v——剩余污泥中有机物（即挥发性固体）所占百分比。

试验中所取剩余污泥的含水率一般为99%左右，经过24h浓缩后含水率为98%左右，测定的有机物含量（VSS/SS）为78%左右，因此根据式（3-5）计算所得剩余污泥的比重 γ 约为1.002 6。

当 n 为60～80 r/min（这里取70 r/min）时，将 D、d、H_L、γ 等数据代入式（3-1）至式（3-4）中，可以得到3层搅拌器的轴功率 P_m 约为87.1 W。虽然是在实验室得到的轴功率 P_m 经验值，但是可以用来估算搅拌器的耗电量，进而可以进行与耗电量有关的经济评价，对后续的反应器放大能够用于实际生产时有一定的指导意义。

3.3　pH对剩余污泥厌氧发酵的影响

在影响污泥厌氧发酵的因素中，pH值是重要的参数之一。许多研究者发现污泥经过适当的碱液预处理或者调节pH至8.0以上，可以提高污泥的水解速率。如，Vlyssides和Karlis发现将废弃剩余污泥的pH调为11.0，同时温度控制为90℃时，10 h后SCOD达到70 000 mg/L，是TCOD的90%以上[133]。但是作者并没有对环境温度下和碱性条件下的VFAs以及其他水解产物的产生情况进行研究。

3.3.1 试验方法

根据3.1节和3.2节的研究结果，试验中不采取曝气装置，搅拌速度控制在60～80 r/min(此时剩余污泥能够搅拌均匀但不产生漩涡)。

试验为一次投料、长期发酵的间歇式运行方式。厌氧发酵运行时间为20 d，使用2 mol/L NaOH或者2 mol/L HCl调节pH，每天调节2次，每次调节前测定pH值，发现其变化在0～0.3之间，因而能控制pH在所要求的范围内。试验中采用了9个如图3－6所示的装置，8个装置中pH分别控制为4.0、5.0、6.0、7.0、8.0、9.0、10.0和11.0，第9个装置作对比试验，pH不进行控制。

试验在恒温室中进行，剩余污泥的温度基本上能维持在(21±1)℃。试验中所用的剩余污泥性质同表3－1所示。

3.3.2 试验结果与讨论

1. pH值对SCOD的影响

图3－11为不同pH条件下，SCOD随厌氧发酵时间的变化。从图中可以看出，在20 d的厌氧发酵时间内，将剩余污泥的pH调为8.0～11.0时，溶出的SCOD明显比4.0～7.0时高(初始SCOD约为41 mg/L，图中没有绘出)，且SCOD的大小顺序为pH11.0>pH10.0>pH9.0>pH8.0；在pH调为4.0～7.0的范围内，SCOD的大小顺序为pH6.0<pH7.0<pH5.0<pH4.0；除了pH调为6.0的情况，其他的条件下都是pH调节比不调节更加利于增高SCOD的值。除此之外，从图中还可以看出，20 d的厌氧发酵时间内，不调节pH值的SCOD变化值与pH7.0时的值比较接近，可能是剩余污泥的初始pH为6.8与pH7.0比较接近，而整个发酵过程中pH变化幅度不大的原因。

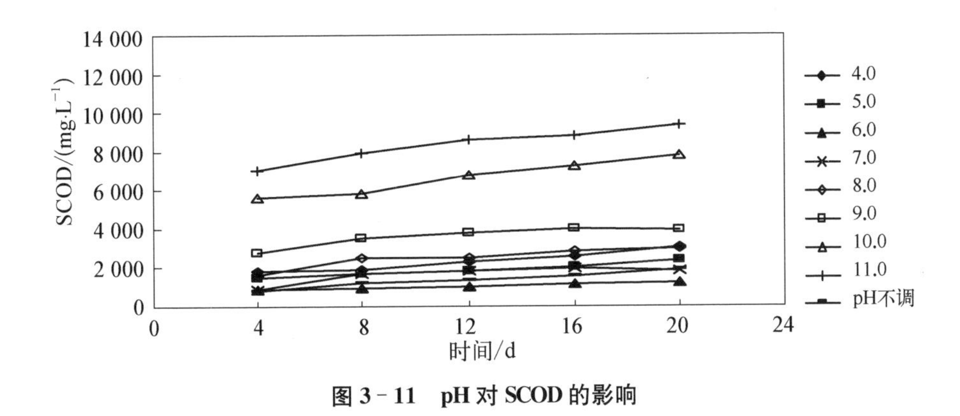

图 3-11　pH 对 SCOD 的影响

可见，将剩余污泥调为碱性利于 SCOD 的生成，且随着厌氧发酵的延长而逐渐增大，主要原因可能是污泥颗粒表面带有负电荷，当污泥的 pH 升高时，污泥颗粒细胞表面带有的负电荷也渐渐升高，从而产生高的静电排斥作用，结果使部分胞外聚合物（ECP）解析出来（ECP 主要成分为蛋白质和碳水化合物等），pH 越高此现象越明显[134]。

表 3-2 为不同 pH 时，在 20 d 内溶出的最大 SCOD 占 TCOD 和 BOD_{20} 的百分比。从表中可以看出，pH10.0 和 pH11.0 时，在 20 d 内使 58%～70% 的 TCOD 转化为 SCOD，使 80%～100% 的 BOD_{20} 转化为 SCOD；如果认为 BOD_{20} 近似为剩余污泥中生物易降解有机物质的量，则将剩余污泥的 pH 控制为 10.0 或 10.0 以上时，能够完成 2.1 节介绍的课题中所要求的 80%以上的生物易降解有机物质转化为可溶性 COD（本研究中 TCOD 约为 13 407 mg/L，BOD_{20} 约为 9 331 mg/L）。

表 3-2　不同 pH 下最大的 SCOD 占 TCOD 和 BOD_{20} 的百分比

pH	4.0	5.0	6.0	7.0	8.0	9.0	10.0	11.0	不调
最大 SCOD/(mg·L^{-1})	3 012	2 393	1 224	1 942	3 004	4 023	7 790	9 310	1 885
SCOD/TCOD/%	22.5	17.9	9.1	14.5	22.4	30.0	58.1	69.4	14.1
SCOD/BOD_{20}/%	32.3	25.6	13.1	20.8	32.2	43.1	83.5	99.8	20.2

图 3－12 为剩余污泥在不同的厌氧发酵时间内，最大的 SCOD（基本上为厌氧发酵第 20 d 的值）随 pH 的变化。从图中可以进一步清晰看出，控制剩余污泥的 pH 为酸性（4.0～6.0）时，随着 pH 的增大，产生的最大 SCOD 值逐渐减小，进行线性回归得到 $SCOD_{max} = 6\,682 - 894.4pH$（$R^2 = 0.969\,5$）；控制剩余污泥的 pH 为碱性（7.0～11.0）时，随着 pH 的增大，产生的 SCOD 的最大值也逐渐增大，且 $SCOD_{max} = 1\,952.2pH - 12\,356$（$R^2 = 0.942\,8$）。

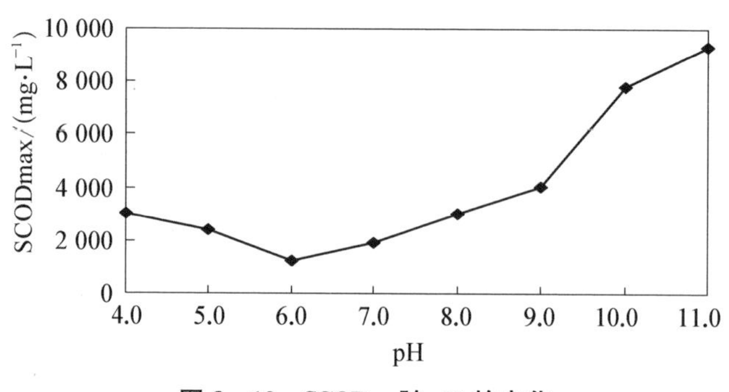

图 3－12　$SCOD_{max}$ 随 pH 的变化

2. pH 值对总 VFAs 的影响

图 3－13 为剩余污泥厌氧发酵过程中，pH 对产生的总 VFAs 的影响（初始的总 VFAs 为 16.2 mgCOD/L，图中没有绘出）。从图中可以看出：

(1) 在 4～20 d 的厌氧发酵时间内，pH 控制为 8.0～10.0 时的产酸量明显大于 pH 控制为 4.0～7.0。

(2) pH 控制为 4.0 左右时，产生的总 VFAs 值从发酵第 4 d 的 375.93 mgCOD/L 逐渐降低到第 20 d 的 119.54 mgCOD/L，相对于其他 pH 条件产酸量最低，可能由于酸性太强，H^+ 易进入表面带负电的污泥颗粒的细胞内，对胞内产酸酶的活性有一定的破坏性，所以虽然由于胞内外结构的破坏使 SCOD 值会增多，且相对于其他 pH 条件并不是最低（见图 3－11 所示），但是产酸量却是最低。

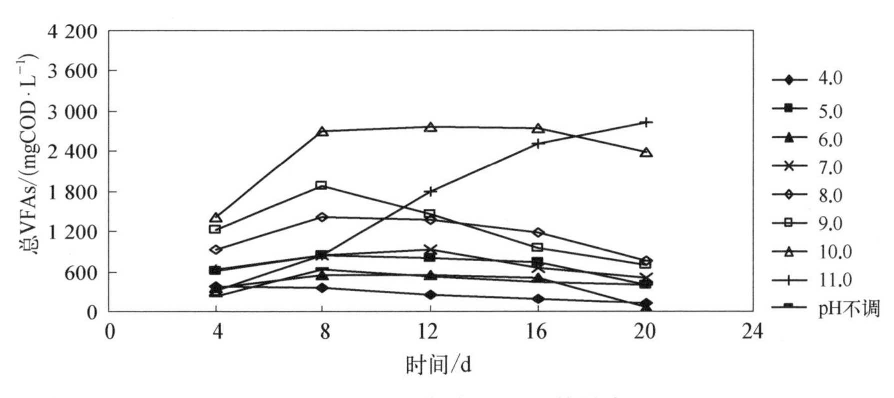

图 3－13　pH 值对总 VFAs 的影响

(3) pH 为 5.0～7.0 时，pH6.0 的产酸量小于 pH5.0 和 pH7.0，而 pH5.0 和 pH7.0 在 4～20 d 的厌氧发酵时间内，产酸曲线比较接近，只是 pH5.0 在第 8 d 得到其最大值(844.48 mgCOD/L)，pH7.0 在第 12 d 得到其最大值(936.93 mgCOD/L)。

(4) 不调 pH 时，其产酸量介于 pH6.0 和 pH5.0 之间。

(5) pH 为 8.0～10.0 时，产酸量显著增高，特别是 pH 控制为 10.0 左右时，在第 12 d 得到最大值为 2 770.40 mgCOD/L，约为 pH5.0 时最大值的 3.3 倍。

(6) pH 为 11.0 时，产生的总 VFAs 值从发酵第 4 d 的 628.98 mgCOD/L 逐渐升高到第 20 d 的 2 836.78 mgCOD/L，此值虽然大于 pH10.0 时第 12 d得到的最大值(2 770.40 mgCOD/L)，但是前者和后者相差不多，而前者耗时较长，是不经济的，这可能由于 pH11.0 为强碱环境，对污泥中与产酸有关的微生物有一定的毒性，微生物要经过一定时间才能适应这种强碱环境。

(7) pH 为 10.0 时，第 8 d 时的总 VFAs 值为 2 708.02 mgCOD/L，与其在 12 d 时的最大值(2 770.40 mgCOD/L)相差不大，从节能等方面综合考虑，可以认为剩余污泥发酵产酸的较合适条件是 pH10.0，发酵时间为 8 d。

(8) 除去 pH4.0 和 pH11.0 的情形，其他 pH 值或 pH 不调条件下，总 VFAs 值经历了升高—持平—下降的变化，原因可能是产生 VFAs 的同时，还伴随着 VFAs 的利用。当产酸速率大于利用速率时，总 VFAs 值逐渐增高；当两者相当的时候，总 VFAs 值基本持平；当消耗大于产生时，观察到的总 VFAs 为下降趋势。

(9) 除了 pH4.0 和 pH11.0 的情形，其他 pH 或 pH 不调条件下，在厌氧发酵的第 8 d 得到的 VFAs 为最高值或者接近最高值。

图 3-14 为剩余污泥厌氧发酵第 8 d 时，总 VFAs 随 pH 的变化。从图中可以看出，pH 为 4.0～6.0 时，pH5.0 时的产酸量最大，pH4.0 和 pH6.0 时产酸量较小，且规律不是很明显；pH11.0 在第 8 d 的产酸量也较小；除去这些情况，在 6.0≤pH≤10.0，随着 pH 的增大，产酸量也逐渐增大，进行线性回归得到 $VFAs = 536.23\text{pH} - 2\,812.4$（$R^2 = 0.974$）。

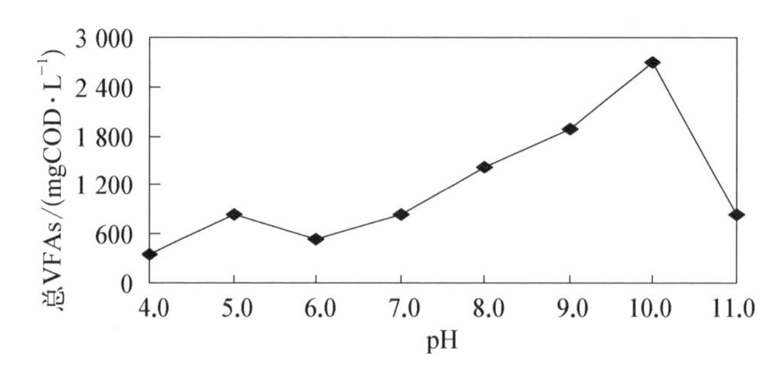

图 3-14　第 8 d 总 VFAs 随 pH 值的变化

图 3-15 为剩余污泥厌氧发酵第 8 d 时，产生的总 VFAs 占 SCOD 的百分比。从图中可以看出，pH4.0 和 pH11.0 时，总 VFAs/SCOD 值较小，分别为 18.9%和 10.5%，除此之外，在其他的 pH 值条件下，总 VFAs/SCOD 值在 45%～60%之间。如果 VFAs 可以认为是快速易生物降解的物质，则剩余污泥经过调节 pH，最大可以使近 60%的 SCOD 转化为快速易生物降解的物质。

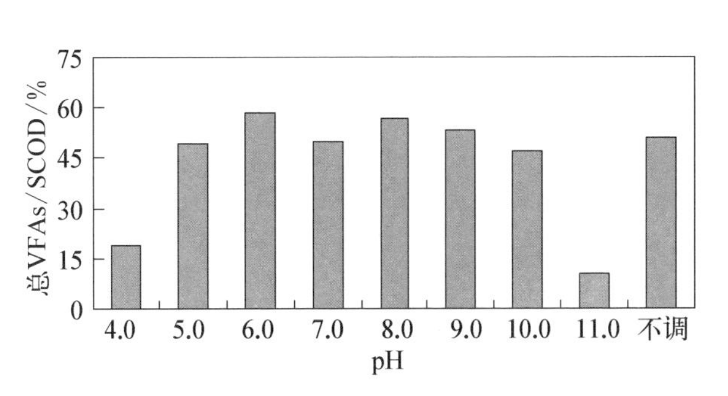

图 3－15　第 8 d 总 VFAs/SCOD 随 pH 值的变化

从图 3－15 中还可以看出，虽然 pH 为 10.0 时，总 VFAs/SCOD 值并不是最高，但是因为产生的 SCOD 的绝对值较高，所以相应的总 VFAs 量也较高。因此，为了获得大量的快速易生物降解的物质，pH 调节为碱性仍是有利的。

3. pH 对单个 VFA 的影响

本试验条件下，剩余污泥厌氧发酵过程中，主要产生 6 种挥发性脂肪酸，分别为乙酸、丙酸、异丁酸、正丁酸、异戊酸和正戊酸，其中异丁酸和异戊酸为带支链的脂肪酸。以下对这些有机酸在发酵过程中的变化情况作深入研究。

1）乙酸

图 3－16 为剩余污泥在 20 d 的厌氧发酵时间内，pH 对乙酸产生量的影响。从图中可以看出，随着剩余污泥厌氧发酵时间的延长，pH 对乙酸产量的影响明显不同：

（1）pH 为 4.0 时，乙酸产量从第 4 d 的 162.82 mgCOD/L 减少到第 8 d 的 43.62 mgCOD/L；当继续发酵时，乙酸产量进一步降低，且相对于其他 pH 值或 pH 不调乙酸产量较低。

（2）pH 为 5.0 时，乙酸产量从第 4 d 的 233.47 mgCOD/L 逐渐增加到第 8 d 的 275.18 mgCOD/L，然后在第 12 d 达到其最大值 317.56 mgCOD/L，随后乙酸产量开始减少。

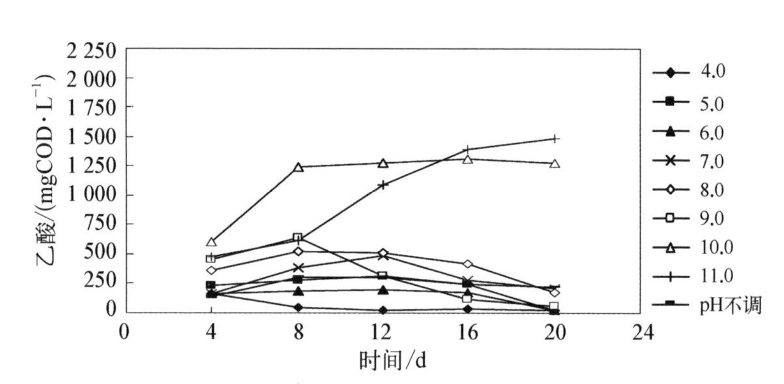

图 3-16　pH 对乙酸产量的影响

(3) 比较 pH4.0 和 pH5.0 的情形，可以看出当 pH 值从 4.0 升高为 5.0 时，在相同的发酵时间内，能够增加乙酸的产量。但是，当控制 pH 为 6.0 时，乙酸产量没有得到进一步增加，而是介于 pH4.0 和 pH5.0 之间，且随着发酵时间的延长产量几乎不变。与 Elefsiniotis 和 Oldham 研究初沉污泥厌氧发酵的结果较类似，其在连续搅拌反应器(CMR)中，*SRT*＝10 d 时，得到 pH 为 4.9～5.2 时，乙酸产量明显大于 pH(4.3～4.6)和 pH(5.9～6.2)[62]。

(4) pH 为 7.0 时，在第 12 d 得到其最大乙酸产量为 481.76 mgCOD/L，此值明显高于 pH 为 4.0～6.0 的结果。

(5) 当 pH 为 8.0～11.0 时，除去 pH9.0 在第 8 d 之后的乙酸产量下降较快，且部分值低于 pH(5.0～7.0)之外，其余的乙酸产量在 4～20 d 之内基本上大于 pH(4.0～7.0)和 pH 不调，可见碱性条件的乙酸产量明显高于酸性条件。

(6) pH 为 10.0 时，乙酸产量从第 4 d 的 606.57 mgCOD/L 快速增加到第 8 d 的 1 241.28 mgCOD/L，几乎为 pH(4.0～7.0)最大值的 2.6 倍(pH7.0 时发酵 12 d 的值)，随后变化较平稳。

(7) pH 为 11.0 时，乙酸产量从第 4 d 的 470.84 mgCOD/L 逐渐增加到第 20 d 的 1 482.37 mgCOD/L，虽然乙酸产量随着发酵时间的延长在增加，但是其第 8 d 的值(614.17 mgCOD/L)明显小于 pH10.0(1 241.28 mgCOD/L)，所以为了较快得到较高的乙酸量，pH11.0 是耗时且不经济的。

(8) 当 pH 不进行调节时，乙酸产量变化曲线与 pH5.0 较接近；不同的是到了发酵的后期，乙酸产量虽有所减少，但是减少的量不大，比如从第16 d 的 240.12 mgCOD/L 减少到第 20 d 的 221.69 mgCOD/L，而 pH 为 5.0 时，第 20 d 的乙酸量为 25.35 mgCOD/L，比第 16 d 的 244.67 mgCOD/L 减少很多。原因可能是 pH5.0 时的发酵时间延长利于 CH_4 的生成，pH 不调时随着发酵时间的延长，溶出的氨氮增加，从而 pH 值增加，而本试验中 pH 值的增加利于乙酸的生成，因而虽也有 CH_4 的生成，但是乙酸产量变化不大。

(9) 比较乙酸和总 VFAs 随 pH 的变化曲线，发现两者比较类似，即 pH 控制为 8.0～10.0 时的乙酸产量明显大于 pH 控制为 4.0～7.0。除去 pH4.0 和 pH11.0 的情形，其他 pH 值或 pH 不调条件下，乙酸产量经历了升高—持平—下降的变化，且发酵的第 8 d 得到的 VFAs 值为最高值或者接近最高值，也可以认为 pH10.0 且发酵时间为 8 d 是本试验条件下剩余污泥发酵产乙酸的较合适条件。

图 3－17 为剩余污泥厌氧发酵第 8 d 时，乙酸产量随 pH 的变化。从图中可以看出，整体上碱性优于酸性，特别是 pH10.0 时的乙酸产量最大；pH 控制为酸性 4.0～6.0 时，pH5.0 时的产乙酸量最大，所以可以认为 pH5.0

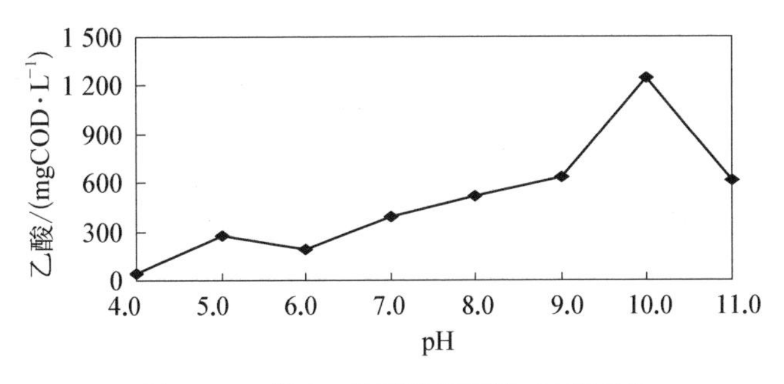

图 3－17　第 8 d 的乙酸产量随 pH 的变化

和 pH10.0 分别是剩余污泥发酵产酸的酸性和碱性优化 pH。除此之外，从图中曲线还可以看出，$6.0 \leqslant pH \leqslant 9.0$ 时，乙酸产量曲线变化较有规律，对其进行线性回归，得到方程 $A_C = 146.58pH - 665.98 (R^2 = 0.9835)$，其中 A_C 代表乙酸产量。

2）丙酸

图 3-18 为剩余污泥在 20 d 的厌氧发酵时间内，pH 对丙酸产生量的影响。从图中可以看出，pH 对丙酸产量的影响同乙酸类似，基本上为碱性条件大于酸性条件，也有些不同之处。

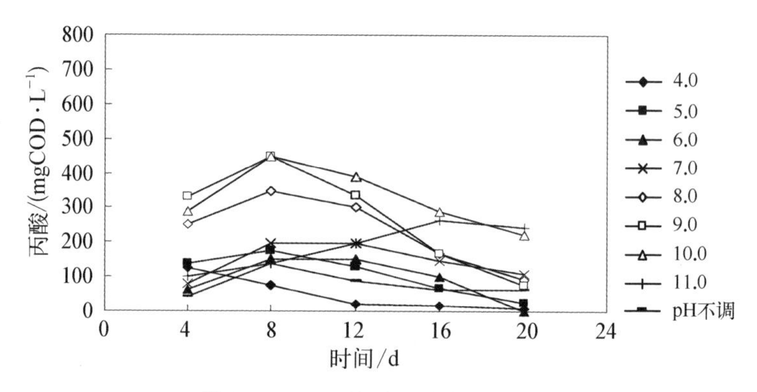

图 3-18　pH 值对丙酸产量的影响

（1）除去 pH4.0 和 pH11.0 时的情形，在其他 pH 值或 pH 不调条件下，丙酸的产生经历了升高然后下降的变化，几乎没有出现持平的现象，基本上在发酵第 8 d 达到最大值，随后较快速的下降，可见丙酸的表观利用率明显大于乙酸。原因可能是丙酸仍然不是厌氧产酸发酵的最终产物，在一定的微生物的参与下，可以进一步转化为乙酸，这在第 1 章引言中有所介绍，转化为乙酸的公式参照式(1-4)。此外，由于大于 2 个碳的有机酸都可经过 β 氧化过程转化为乙酸，因而尽管有乙酸消耗，但也有乙酸产生，观察到的乙酸利用率比较小。

（2）pH9.0 和 pH10.0 时，其最大值几乎一样，基本上在发酵的第 8 d 获得，约为 446.42 mgCOD/L。

(3) pH 为 11.0 时，随着发酵时间的延长，丙酸产量逐渐增加，直到第 16 d 达到最大值(263.43 mgCOD/L)，与乙酸产量变化不同的是，此最大值比 pH10.0 对应的值小得多，随后丙酸产量也不再增加而是有所下降；

(4) 比较图 3－18 与图 3－17，发现丙酸的产量绝对值明显小于乙酸，pH10.0 在 8 d 的乙酸产量大约为丙酸产量的最大值(pH9.0 和 pH10.0 第 8 d 的值)3 倍。

3) 异丁酸

图 3－19 为剩余污泥在 20 d 的厌氧发酵时间内，pH 对异丁酸产生量的影响。图中的曲线显示异丁酸产量的变化趋势明显不同于乙酸和丙酸，主要表现在以下几个方面。

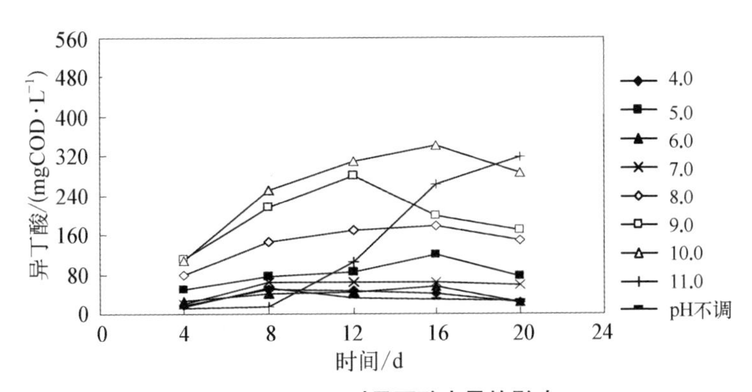

图 3－19　pH 对异丁酸产量的影响

(1) pH 为 4.0 时，异丁酸的产量在第 4 d 为 16.08 mgCOD/L，随着厌氧发酵时间的延长，产量逐渐增加，直到第 8 d 达到其最大值(50.07 mgCOD/L)，然后基本持平，从第 16 d 开始有所下降，第 20 d 下降到 23.30 mgCOD/L，与乙、丙酸产量从第 4 d 开始就一直下降有所不同。

(2) pH 为 5.0 时，异丁酸产量大于 pH(4.0，6.0，7.0)，且在第 16 d 达到最大值 120.81 mgCOD/L，可见 pH≤7.0 时，pH5.0 利于异丁酸的生成，但是达到最大值的时间比乙酸、丙酸长。

(3) pH 为 11.0 时，异丁酸产量的变化曲线类似于乙酸、丙酸，即随着厌氧发酵时间的延长，异丁酸的产量逐渐增加，直到第 20 d 达到其最大值(316.61 mgCOD/L)。

(4) 当 pH 为 8.0～10.0 时，异丁酸产量明显大于酸性条件，与乙、丙酸产量随 pH 值的变化类似，但达到相应的最大值的时间都有所滞后，比如 pH8.0 和 pH10.0 在第 16 d 达到最大值(177.39 mgCOD/L 和 340.28 mgCOD/L)，滞后于乙酸(第 12 d 达到最大)和丙酸(第 8 d 达到最大)。

4) 正丁酸

图 3-20 为 pH 对正丁酸产生量的影响，从图中可以看出：

(1) 当 pH 调为 10.0 时，明显有利于正丁酸的产生，表现为 4～20 d 内的产量大于其他 pH 条件，且在第 8 d 达到其最大值 296.41 mgCOD/L，几乎为 pH 不调时的 18 倍(16.57 mgCOD/L)，16.57 mgCOD/L 是图中所有 pH 条件下的第 8 d 产量的最小值。

(2) 当 pH 控制为 4.0、7.0、11.0 和不调节 pH 时，随着发酵时间的延长，正丁酸的产量变化不大，产值较小且比较接近，说明这些 pH 条件不利于正丁酸的生成。

比较图 3-20 与图 3-16、图 3-18 和图 3-19，可以看出正丁酸产量的变化曲线与乙酸、丙酸明显不同，与具有相同分子量的异丁酸的产生变化也有所不同，基本上正丁酸产值比较低，说明除了 pH10.0 的情况，其他 pH 条

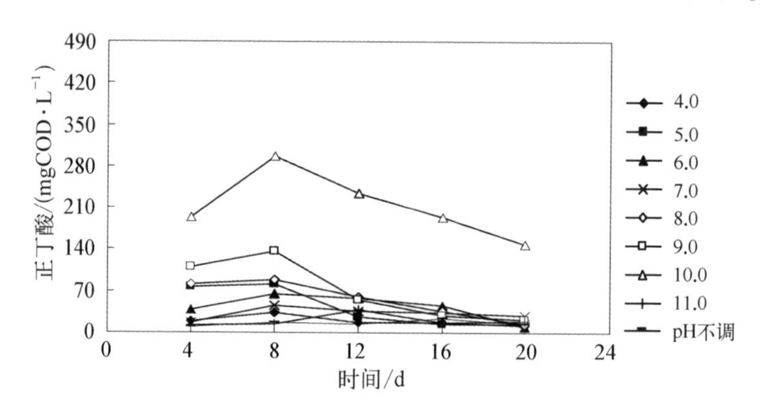

图 3-20　pH 对正丁酸产量的影响

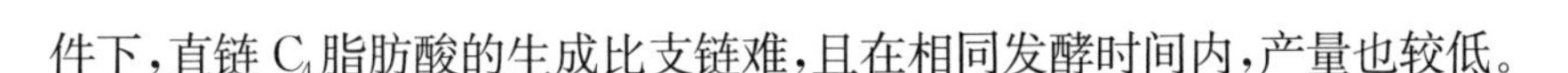

件下，直链 C_4 脂肪酸的生成比支链难，且在相同发酵时间内，产量也较低。

5）异戊酸

pH 对异戊酸产量的影响见图 3－21，可见：

（1）在 pH11.0 时，随着发酵时间的延长，异戊酸产量逐渐增加，从第 4 d的 28.41 mgCOD/L 逐渐增加到第 20 d 的 769.00 mgCOD/L。

（2）除去 pH11.0 时的情形，其他 pH 条件下，异戊酸的产量经历了升高到持平然后下降的过程。

（3）pH 为 4.0～7.0 时，pH5.0 明显有利于异戊酸的产生，表现为 4～20 d 的产量大于 pH4.0、pH6.0 和 pH7.0，在第 16 d 达到最大值 270.61 mgCOD/L。

（4）pH 调节 8.0～10.0 时，异戊酸的产量明显大于酸性条件或中性条件。4～20 d 内的产量从高到低的顺序为 pH10.0≥pH9.0≥pH8.0，说明碱性条件利于异戊酸的生成，且 pH 值越高越有利。

（5）当对 pH 不进行调节时，与其他 pH 条件相比，异戊酸的产量较低，可见 pH 进行调节要优于不调节；

（6）比较图 3－21 与图 3－19，可以得出异戊酸的产量在不同 pH 条件下，随发酵时间的变化与异丁酸产量变化曲线有些类似，主要表现在达到最高值的发酵时间比较滞后。如，pH10.0 时在第 16 d 才达到最大值（496.22 mgCOD/L），与异丁酸类似，但滞后于乙酸、丙酸和正丁酸。

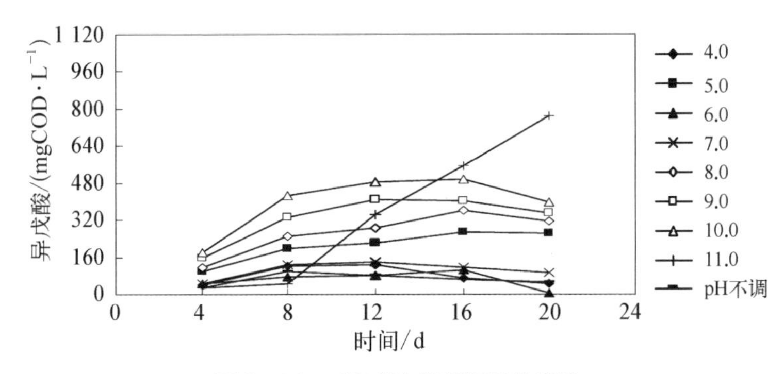

图 3－21　pH 对异戊酸产量的影响

6）正戊酸

图3－22是pH对正戊酸产量的影响，从图中可以看出：

（1）pH为4.0～7.0时，pH5.0较利于正戊酸的生成，在第8 d达到最大值为39.57 mgCOD/L，大于pH4.0、pH6.0和pH7.0。

（2）pH为8.0～10.0时，正戊酸的产量大于酸性条件或中性条件，pH8.0和pH9.0在第8 d达到其相应的最大值，分别为64.48 mgCOD/L和105.39 mgCOD/L，pH为10.0时，正戊酸产量从第4 d的34.16 mgCOD/L逐渐增加到第16 d的109.89 mgCOD/L，随后产量急剧减少，说明pH10.0产生最大值的时间长于pH8.0和pH9.0。

（3）当pH调节为11.0时，明显不利于正戊酸的生成，表现为在4～20 d的发酵时间内，与其他pH条件相比，正戊酸产量较少，几乎为最低。

（4）比较图3－22与图3－16至图3－21，正戊酸的产量绝对值较低，即使是最大值也仅为110 mgCOD/L左右，因此对总VFAs的贡献不大。

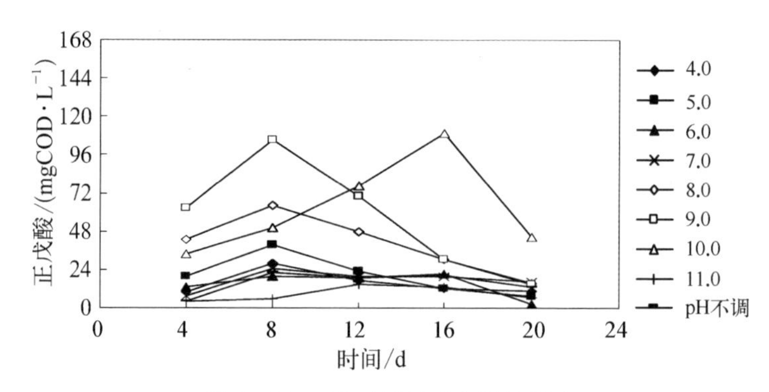

图3－22　pH对正戊酸产量的影响

7）单个VFA占总VFAs的比例

表3－3为不同pH条件下，剩余污泥厌氧发酵4～20 d内，单个有机酸占总VFAs的百分比。从表中可以看出当厌氧发酵时间小于10 d(4 d或8 d)时，不同pH条件下，乙酸和丙酸产量居多(乙酸产量高于丙酸)，相应的异戊酸和异丁酸产量次之(异戊酸产量比异丁酸高)，正丁酸和正戊酸产

量较少，其中正戊酸产量最少（低于 10%）。除此之外，表中还显示随着发酵时间的延长（超过 10 d），某些 pH 条件下，异戊酸和异丁酸产量超过乙、丙酸，但是从经济节能以及实用性角度考虑，本试验条件下，仍然选择8 d为较优的发酵时间。

表 3-3　单个 VFA 占总 VFAs 的百分比
（不同的 pH 值和厌氧发酵时间）

单个酸/总VFAs/%	时间/d	pH4.0	pH5.0	pH6.0	pH7.0	pH8.0	pH9.0	pH10.0	pH11.0	pH不调
乙酸/总 VFAs	4	43.3	37.6	45.4	48.4	38.6	37.1	43.0	74.9	59.2
	8	12.3	32.6	35.2	45.9	36.8	33.8	45.8	73.4	47.9
	12	7.4	39.6	35.3	51.4	36.9	21.4	46.1	60.9	56.5
	16	17.2	33.6	35.1	42.4	35.1	12.5	47.8	55.7	54.4
	20	15.8	6.2	31.6	39.9	22.5	8.1	53.8	52.3	56.6
丙酸/总 VFAs	4	33.7	22.3	18.0	23.8	26.9	27.0	20.4	16.0	16.8
	8	21.1	20.7	27.9	23.2	24.4	23.8	16.5	16.6	21.8
	12	7.9	16.4	27.5	20.9	22.1	22.9	14.1	10.9	16.4
	16	9.4	9.0	19.6	22.4	14.1	17.7	10.6	10.5	14.0
	20	5.4	5.9	0.5	21.1	12.2	11.1	9.3	8.6	15.5
异丁酸/总 VFAs	4	4.3	7.9	7.5	6.6	8.3	9.1	7.7	2.0	6.2
	8	14.1	9.1	7.5	7.6	10.3	11.6	9.2	1.8	8.1
	12	19.1	10.4	8.1	6.8	12.3	19.2	11.2	5.9	5.7
	16	20.8	16.6	11.2	9.6	14.9	20.9	12.4	10.4	6.7
	20	19.5	18.4	36.9	11.5	19.8	24.6	12.0	11.2	6.7
正丁酸/总 VFAs	4	5.3	12.5	11.2	5.3	8.8	9.0	13.8	1.9	3.6
	8	9.4	9.6	11.7	5.5	6.2	7.3	10.9	1.6	2.6
	12	7.0	3.3	10.5	3.8	4.4	3.7	8.5	2.1	2.7
	16	9.0	2.0	8.9	5.1	3.1	2.9	7.1	0.7	5.2
	20	10.9	3.2	16.1	5.5	2.0	3.1	6.2	0.7	4.0

续 表

单个酸/总VFAs/%	时间/d	pH4.0	pH5.0	pH6.0	pH7.0	pH8.0	pH9.0	pH10.0	pH11.0	pH不调
异戊酸/总VFAs	4	10.8	16.4	13.8	13.8	12.8	12.6	12.7	4.5	12.6
	8	35.3	23.3	15.0	15.0	17.8	17.8	15.7	5.8	16.0
	12	51.8	27.3	15.2	15.0	20.9	28.0	17.4	19.4	15.1
	16	37.4	37.1	20.9	17.6	30.3	42.7	18.1	22.1	15.1
	20	39.7	64.5	11.0	18.8	41.6	51.1	16.7	27.1	13.8
正戊酸/总VFAs	4	2.6	3.2	3.8	2.2	4.6	5.1	2.4	0.7	1.6
	8	7.8	4.7	3.6	2.9	4.5	5.6	1.9	0.7	3.6
	12	6.8	2.9	3.5	2.1	3.5	4.8	2.8	0.8	3.5
	16	6.2	1.7	4.2	3.0	2.6	3.3	4.0	0.5	4.6
	20	8.7	1.8	3.8	3.3	2.1	2.1	1.9	0.2	3.5

根据1)～6)中单个有机酸随pH的变化,可以认为pH10.0为本试验条件下的单个有机酸的较佳条件pH,且随着发酵时间的延长,乙酸所占比例略有提高,原因可能是其他的有机酸(丙酸、丁酸或戊酸等)在某些胞内酶的作用下,可以进一步生成乙酸。乙酸虽然可以进一步生成甲烷,但在本试验条件下生成乙酸的量大于消耗的量。丙酸是另一个比较重要的短链脂肪酸,所占比例初始较高为20%左右,随着发酵时间的延长,所占比例有所下降,原因可能是丙酸经过β氧化的形式生成了乙酸,如式(1-4)所示。带有支链的有机酸,在较长的发酵时间内(10 d之后),异丁酸和异戊酸所占比例超过直链的正丁酸和正戊酸,其中异戊酸的产量比异丁酸高,甚至接近或超过丙酸所占的比例,说明生成C_3以上支链的有机酸花费时间较长,并且与直链有机酸相比,较难进一步转化为小分子有机物;正戊酸所占比例最低(所占比例不到4%)。简而言之,pH10.0条件下,前10 d的厌氧发酵时间内,单个VFA所占总VFAs的比例从大到小的顺序为乙酸＞丙酸＞异戊酸＞正丁酸＞异丁酸＞正戊酸;发酵时

间超过 10 d 之后，其大小顺序为乙酸量依然占主导，其次为异戊酸，异丁酸与丙酸较接近（在 12 d 之后超过丙酸），正丁酸和正戊酸所占比例很小。

一些研究者认为乙酸和丙酸是 EBPR 过程中的有利基质，提高其产量有一定的实际意义[99]；也有研究者经过试验得到带有支链的异丁酸和异戊酸比直链的正丁酸和正戊酸引起更多磷的释放[102]，从而获得较好的除磷效率。本试验的 pH10.0 条件下，乙、丙酸所占比例之和为 60%～70%，再加上异丁酸和异戊酸所占的比例，达到 80%以上，不仅达到 2.1 节中提到的使能够提高生物除磷效果的有机酸在总有机酸的含量高于 30%的要求，而且还比此值高许多。

许多研究者采用初沉污泥在中性或弱酸性条件下厌氧发酵也得到了较类似的结果，例如，Elefsinotis 和 Oldham 在 CMR 反应器中，于 pH4.3～6.2 的范围内，对初沉污泥进行厌氧发酵时（SRT=10 d），得到乙酸产量所占比例最大，其次为丙酸和丁酸，正戊酸的产量最低[46]。其认为主要原因是乙酸可以直接从碳水化合物和蛋白质的发酵得到；丙酸主要是从碳水化合物的发酵获得；另外一些较高碳原子的有机酸，如异丁酸、正戊酸和异戊酸主要是由于蛋白质和脂类物质的发酵产生的，而非蛋白类物质发酵产生这三种有机酸的量是微乎其微的。

本试验采用的剩余污泥中蛋白质所占比例较大，为 50%～60%，碳水化合物所占比例为 11%～15%，势必影响有机酸的组成比例和产量，后面章节对此将作进一步讨论。

4. pH 对溶出的碳水化合物和蛋白质的影响

溶解性的碳水化合物和蛋白质是 SCOD 中重要的组成成分，且污泥中颗粒性的复杂有机物（比如颗粒性的碳水化合物和蛋白质）转化为溶解性的物质后，有利于酸化产物（比如 VFAs）的生成。图 3-23 为不同 pH 条件下，剩余污泥在 4～20 d 的厌氧发酵过程中溶出的碳水化合物随 pH 值

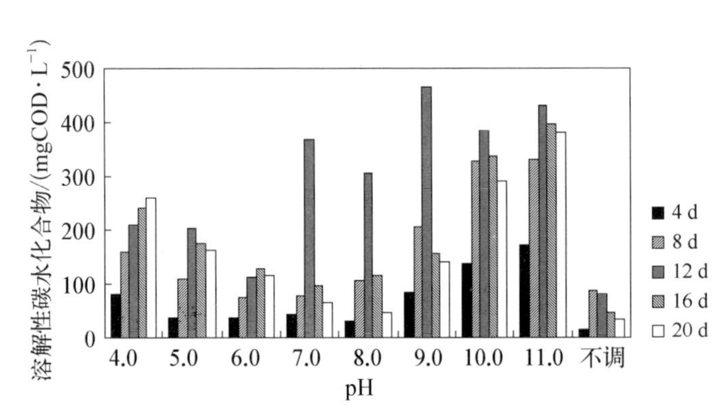

图 3-23　pH 值对溶解性碳水化合物的影响

的变化(初始值约 16.5 mgCOD/L,图中没有标出)。从图中可以看出:

(1) pH 为 4.0～6.0 时,4～20 d 的厌氧发酵时间内,pH4.0 时溶解性碳水化合物的产量较多,且随着发酵时间的延长而增加,pH5.0 时在第12 d 左右达到最大随后减小,pH6.0 时此值较小,且在第 16 d 左右时达到最大值后进一步减少,可见较强酸性条件下,溶解性碳水化合物浓度较高,且酸性越强此值越高。可见 pH4.0 时,溶出的碳水化合物的消耗较少;pH5.0 和 pH6.0 时,却有不同程度的消耗。而溶出的碳水化合物在微生物的作用下可以转化为总 VFAs,即在 pH4.0 时,溶出的碳水化合物转化为总 VFAs 的量较少,而 pH5.0 和 pH6.0 时,却有不同程度的转化。

(2) 将剩余污泥的 pH 调为 7.0～11.0 时,在厌氧发酵 10 d 内,基本上是随着 pH 值的增加,溶解性碳水化合物浓度也增加,到了第 12 d,基本上达到其相应的最大值,随后浓度有不同程度的减小。但是最大值随 pH 值的变化规律不是很明显,pH9.0 时为最高,这主要是不同 pH 条件下造成的溶解性碳水化合物利用速率不同的缘故。可见,厌氧发酵 10 d 之后,pH7.0～11.0 条件下观察到的溶解性碳水化合物的利用速率超过了产生速率,但是利用速率的快慢基本上为 pH7.0～9.0 大于 pH10.0～11.0。从另一个角度可以理解为,强碱性条件有利于颗粒性碳水化合物转化为溶解性的物质，但是并不利于其生成 VFAs 或者其他产物。

(3) 对比 pH4.0～6.0 和 pH7.0～11.0 的情况，说明较强碱性或酸性条件对剩余污泥中颗粒性碳水化合物转化为溶解性的物质是有利的，pH6.0 可以认为是较不利的条件。

(4) 无论 pH4.0～6.0 或 pH7.0～11.0，4～20 d 的厌氧发酵时间内，pH 不调时溶解性碳水化合物的浓度都较低，可见为了获得较多的溶解性糖类物质，调节 pH 是有利的。

图 3－24 为溶解性蛋白质随 pH 的变化。从图中可以看出：

(1) 溶解性蛋白质的变化较有规律，几乎在所有 pH 条件下，随着发酵时间的延长，溶出的蛋白质浓度都有所提高，主要因为本试验采用的剩余污泥中总蛋白质含量较高，为 8 000 mgCOD/L 左右，约占总 COD 的 60%，延长发酵时间利于其进一步溶出。

(2) pH 调为 4.0～6.0 时，pH4.0 时的溶解性蛋白质产量较高，pH5.0 次之，pH6.0 最小，且 pH6.0 时随着发酵时间的延长产量变化不大。可见较强的酸性有利于蛋白质物质的溶出；酸性越强溶出的蛋白质浓度越高；时间越长溶出的也越多。

(3) pH 调为 7.0～11.0 时，基本上是随着 pH 值的增加，溶解性蛋白质浓度也增高，即较强的碱性条件也利于蛋白质物质的溶出，碱性越强溶出的浓度越高，且强碱性条件高于强酸性条件。

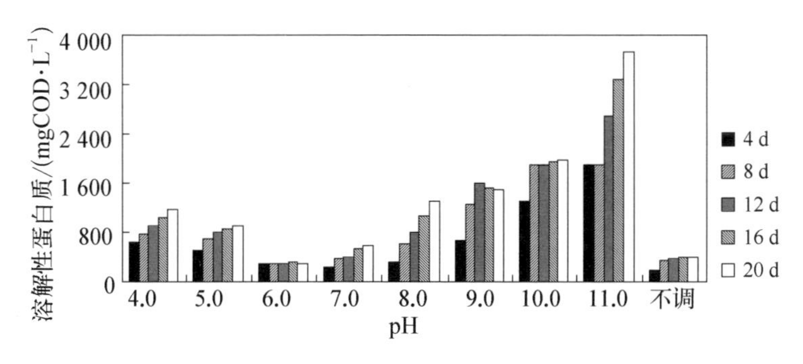

图 3－24　pH 对溶解性蛋白质的影响

(4) pH 不调时，溶解性蛋白质浓度较低，说明酸碱性调节有利于蛋白质物质的溶出。

(5) 与图 3-23 相比，溶解性蛋白质物质的浓度高于碳水化合物，最大值(3 750 mgCOD/L)约为相应的糖类物质浓度(380 mgCOD/L)的 10 倍。基本上是较强碱性和较强酸性利于溶解性碳水化合物和蛋白质的生成，且碱性条件优于酸性条件。主要因为强酸碱条件下，污泥微生物细胞不能很好地维持平衡渗透压而受到破坏，导致胞内物质逐渐溶解出来。此外，强碱条件下，污泥颗粒细胞表面带有的负电荷也渐渐升高，从而产生高的静电排斥作用，结果使部分胞外聚合物(ECP)解吸出来[134]，而 ECP 主要由糖类和蛋白质物质组成。

试验中对剩余污泥中所含的脂肪和油脂的变化也进行了测定，结果发现，pH 为 4.0～11.0 或不调时，在 4～20 d 的厌氧发酵时间内，脂肪和油脂的量占总 COD 的百分比不到 1%，所以对污泥中的 TCOD 或 SCOD 进行分析时，可以不考虑脂肪和油脂的含量变化。因此，SCOD 中，总 VFAs、溶解性的碳水化合物和蛋白质可以认为是其主要的组成成分，它们之间存在着如式(3-6)的关系。且根据前面产酸的分析，认为 pH10.0 时，厌氧发酵第 8 d 的产酸量为最大值。因而有必要分析一下厌氧发酵第 8 d 时，溶解性物质与 pH 之间的关系，以及 pH10.0 时，溶解性物质随厌氧发酵时间的变化。

$$C_{\mathrm{SCOD}} = C_{\mathrm{VFAs}} + C_{\mathrm{SP}} + C_{\mathrm{SC}} + C_{\mathrm{ND}} \tag{3-6}$$

式中 C_{SCOD}——一定 pH 和发酵时间内的 SCOD 的浓度，mgCOD/L；

C_{VFAs}——与 C_{SCOD} 相应的 pH 和发酵时间内的总 VFAs 的浓度，mgCOD/L；

C_{SP}——与 C_{SCOD} 相应的 pH 和发酵时间内的溶解性蛋白质的浓度，mgCOD/L；

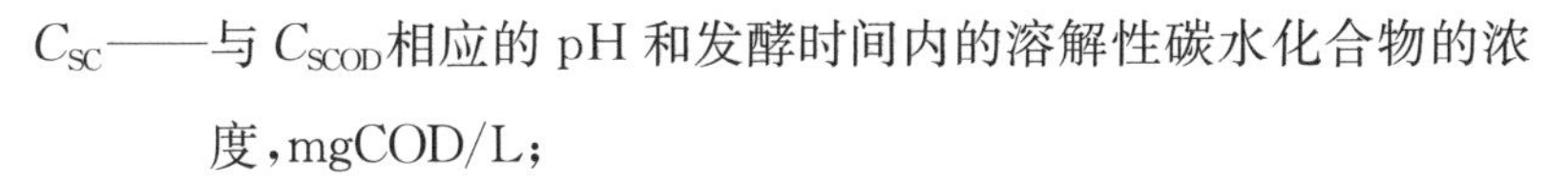

C_{SC}——与 C_{SCOD} 相应的 pH 和发酵时间内的溶解性碳水化合物的浓度，mgCOD/L；

C_{ND}——与 C_{SCOD} 相应的 pH 和发酵时间内的未确定的溶解性物质的浓度，mgCOD/L。

表 3-4 为剩余污泥厌氧发酵第 8 d 时，不同 pH 条件下，根据式(3-6)作出的总 VFAs、溶解性的碳水化合物和蛋白质与 SCOD 的关系。可以看出，pH11.0 时，这三种溶解性物质的含量最低，仅为 38.6%，其中 VFAs 含量小于溶解性蛋白质。可见在此 pH 条件下，将近有 60%多的非 VFAs、溶解性的碳水化合物和蛋白质物质，可能由于碱性越强，对污泥颗粒细胞的破坏性越强，胞内物质溶出的越多，而这些物质在较短的时间内不易转化为 VFAs[如 C_{ND} 中可能含有核酸(RNA)、脱氧核糖核酸(DNA)等物质]。pH4.0 时，这三种物质含量也较低(69%左右)，其中 VFAs 含量也小于溶解性蛋白质。可见，强酸条件下，非 VFAs、溶解性碳水化合物和蛋白质的物质也较多。当 pH 为 5.0～10.0 或不调时，VFAs 含量＞溶解性蛋白质含量＞溶解性碳水化合物含量，这三种物质的含量为 76.3%～97.9%，其中 pH10.0 这三种物质含量为 85%左右。pH5.0、pH6.0 和 pH9.0 时，三种颗粒测定物质含量为 90%以上，pH6.0 时为最高(97.9%)，说明此时 SCOD 中几乎全是 VFAs、溶解性碳水化合物和蛋白质物质。

表 3-4　剩余污泥厌氧发酵第 8 d 时，不同 pH 条件下，SCOD 的平衡关系

pH	C_{SCOD}/(mgCOD·L^{-1})	C_{VFAs}/(mgCOD·L^{-1})	C_{SP}/(mgCOD·L^{-1})	C_{SC}/(mgCOD·L^{-1})	可测定的物质占 SCOD 的含量 $(C_{VFAs}+C_{SP}+C_{SC})/C_{SCOD}$/%
4.0	1 870.1	354.5	775.2	160.7	69.0
5.0	1 717.6	844.5	691.1	108.3	95.7
6.0	929.2	542.6	291.7	75.5	97.9

续　表

pH	C_{SCOD}/(mgCOD·L^{-1})	C_{VFAs}/(mgCOD·L^{-1})	C_{SP}/(mgCOD·L^{-1})	C_{SC}/(mgCOD·L^{-1})	可测定的物质占 SCOD 的含量 $(C_{VFAs}+C_{SP}+C_{SC})/C_{SCOD}$/%
7.0	1 684.6	842.0	366.0	76.7	76.3
8.0	2 497.0	1 420.8	601.5	106.6	85.3
9.0	3 523.7	1 873.4	1 263.0	205.3	94.8
10.0	5 782.9	2 708.0	1 880.5	328.2	85.0
11.0	7 939.3	836.3	1891.7	332.7	38.6
不调	1 241.7	633.6	339.4	88.0	85.4

图 3-25 为 pH10.0 条件下，不同发酵时间对 VFAs、溶解性碳水化合物和蛋白质的浓度变化及其占 SCOD 的百分比的影响。从图中可以看出，SCOD 中，VFAs 的含量最多，其次为溶解性蛋白质，溶解性碳水化合物含量最低，总 VFAs 含量从 25.3%增大到第 8 d 的 46.8%，然后降低到第20 d 的 30.5%；溶解性蛋白质含量从 23.5%增大到第 8 d 的 32.5%，然后降低到第 20 d 的 25.4%。可见，虽然溶解性蛋白质的变化趋势与总 VFAs 类

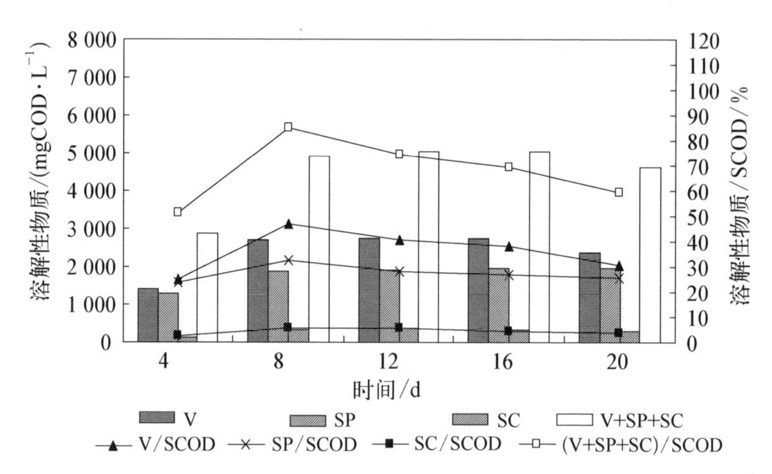

图 3-25　pH10.0 时，总 VFAs(V)、溶解性蛋白质(SP)和溶解性碳水化合物(SC)及其所占 SCOD 的百分比随厌氧发酵时间的变化

似，但是增加的并不多；溶解性碳水化合物的含量较低，变化不大，为 2.5%～5.7%；VFAs、蛋白质及多糖三者之和所占百分比相应地也是在发酵第 8 d 达到最大，为 85%左右，然后有所降低，到了第 20 d 约为 60%。

可见，这些 SCOD 中的溶解性物质含量都是先增加后有所降低。分析原因，主要是剩余污泥厌氧发酵过程中生成各种溶解性物质的同时，还存在着不同方式的消耗过程，比如溶解性蛋白质和碳水化合物在水解产酸酶和微生物的作用下，生成了各种 VFAs 物质，同时还放出 CO_2，而各种非乙酸的脂肪酸也在产乙酸酶和产乙酸菌的作用下，生成乙酸，同时也放出 CO_2。除此之外，部分乙酸在产甲烷菌的作用下也能生成 CH_4。所以当消耗溶解性物质的速率逐渐升高且超过其产生速率时，三者之和所占 SCOD 的百分比就降低。

5. pH 对溶出的正磷酸盐、氨氮和硝酸盐氮的影响

试验中，对剩余污泥厌氧发酵过程中溶出的无机物质，如正磷酸盐（PO_4^{3-}—P）、氨氮（NH_4^+—N 和 NH_3—N）和硝酸盐氮（NO_3^-—N）在不同 pH 值的变化也进行了测定。图 3－26 为 pH 对 PO_4^{3-}—P 的影响，从图中可以看出：

(1) 剩余污泥厌氧水解酸化过程中，不可避免地存在 PO_4^{3-}—P 的释放，主要原因已在本节第 3 点中作了分析，即主要成分为生物质的剩余活性污泥颗粒的胞内外的聚磷酸盐分解并释放出 PO_4^{3-}—P。

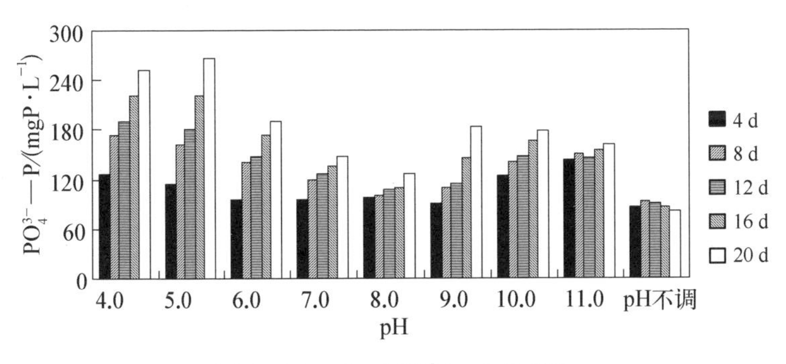

图 3－26　pH 对 PO_4^{3-}—P 的影响

（2）当 pH 进行调节时，观察到的 PO_4^{3-}—P 浓度大于 pH 不调，浓度高低的顺序基本上为较强酸性条件＞较强碱性条件＞中性或近中性条件＞pH 不调，其中 pH4.0 时 PO_4^{3-}—P 最多。原因可能为酸碱性调节对污泥颗粒细胞具有不同程度的破坏性，致使其解体或自溶，从而胞内外含有的磷酸盐物质水解释放出 PO_4^{3-}—P，所以中性或近中性条件下释放的 PO_4^{3-}—P 较低（本条件下除去 pH 不调外，pH8.0 时浓度较低）。此外，较强碱性条件下，由于剩余污泥中存在少量的钙、镁等阳离子，与 PO_4^{3-}—P 易形成化学沉淀，因此 PO_4^{3-}—P 浓度少于酸性条件。

（3）pH 值调节情况下，随着发酵时间的延长，PO_4^{3-}—P 浓度进一步升高，较强酸性条件下，浓度增加较快。

（4）pH 值不调情况下，浓度先有所增长随后降低，主要原因同本节第 4 点中关于厌氧发酵 pH 变化的分析，即由于 VFAs 的生成，pH 值有所降低，易于 PO_4^{3-}—P 的释放；随着发酵时间的延长，滞后水解的物质如蛋白质水解释放出 NH_4^+—N 等物质使 pH 值升高。本试验条件下到了第 20 d 时 pH 值约为 8.5 以上，易于磷酸盐形成沉淀，从而 PO_4^{3-}—P 有所降低。

剩余污泥厌氧发酵过程中，氨氮主要来源于蛋白质物质的水解。氨氮是以离子形式存在的铵盐（NH_4^+—N）和非离子形式存在的氨（NH_3—N）的总和。图 3-27 为不同 pH 条件下，溶出的氨氮随发酵时间的变化。从图中可以看出：

（1）剩余污泥发酵初期（4 d），酸性条件和碱性条件以及 pH 不调时溶出的氨氮为 110～150 mgN/L，强碱性条件略高于其他 pH 条件。

（2）发酵时间超过 4 d 之后，酸性条件下的氨氮浓度渐渐超过碱性条件，且随着发酵的进一步深入，氨氮浓度逐渐升高，pH5.0 时的氨氮浓度高于 pH4.0 和 pH6.0，pH6.0 与 pH7.0 时的氨氮浓度变化比较接近，pH8.0～11.0 时氨氮低于 pH7.0，并且碱性越强氨氮浓度越低。文献认为 pH 值偏高时，游离氨的比例较高，pH 值越高游离氨的浓度越高，反之铵

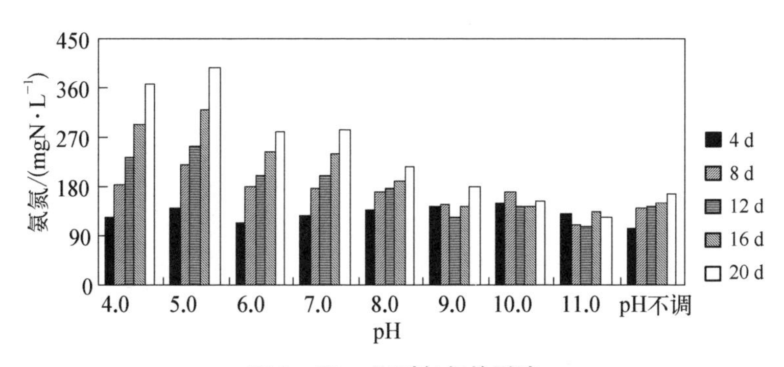

图3-27 pH对氨氮的影响

盐的比例高[6]。根据亨利定律[135],当溶液中游离氨的浓度超过平衡浓度时,其开始挥发到大气中,而且 NH_4^+—N 和非离子形式存在的 NH_3—N 存在化学平衡式(3-7),根据化学平衡的原理[135],一旦 NH_3—N 挥发后,平衡向右移动,不断地搅拌也增加了 NH_3—N 的挥发,因而污泥中的氨氮浓度反而开始进一步减少。除此之外,根据后面硝氮的分析,在碱性条件下有少量的硝氮存在,硝氮对氨氮有一定的氧化作用,也可能使氨氮有所减少。

$$NH_4^+\text{—}N + OH^- \rightleftharpoons NH_3\text{—}N + H_2O \quad (3-7)$$

(3) pH9.0~11.0 在 4~20 d 的发酵时间内氨氮变化不大,规律不是很明显,pH 不调的氨氮浓度与 pH10.0 比较接近,只是随着时间的延长略有升高。

图3-28为不同 pH 条件下,NO_3^-—N 随剩余污泥厌氧发酵时间的变化。从图中可以看出,虽然厌氧环境不利于生成 NO_3^-—N。但是本试验条件下仍然有一定浓度的 NO_3^-—N 生成,分析原因可能是搅拌速度为60~80 r/min 时,仍使空气中的少量氧进入敞口的装置中,然后在硝化菌等微生物的作用下氧化泥中的氨氮而生成 NO_3^-—N;强碱性条件明显大于强酸性条件,pH10.0 时生成的 NO_3^-—N 浓度几乎为最高,中性条件和 pH 不调时生成的较少,这主要因为氨氮转化为硝氮时会消耗一定的碱度,而碱性

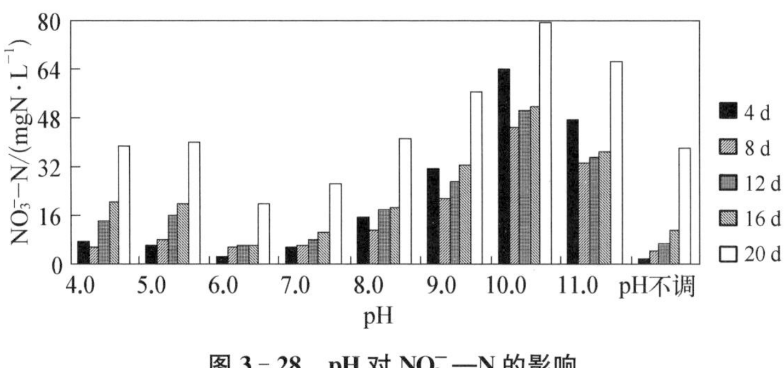

图 3-28　pH 对 NO_3^-—N 的影响

条件补充了部分碱度从而利于硝化反应的进行；近中性、中性或 pH 不调条件下，随着发酵时间的延长，生成 NO_3^-—N 的浓度逐渐升高，而较强酸性、较强碱性条件下，发酵第 4 d 时的 NO_3^-—N 浓度较高，到了第 8 d 有所降低，然后渐渐升高，直到发酵的第 20 d，分析原因可能是由于较强的酸碱性条件对污泥颗粒的破坏性，在发酵初期有较多的氨氮溶出(图3-27)，随着厌氧环境的持续抑制，活性污泥中仍然残留着的生物处理过程中积累的硝化菌等生物渐渐减少，但是随着少量的表面氧存在，硝化菌又有所活跃，发酵时间越长情况越明显。

3.4　不同 pH 控制策略对剩余污泥厌氧发酵的影响

3.4.1　试验方法

影响剩余污泥厌氧发酵的因素主要有 pH、温度和搅拌等，这些因素对厌氧发酵产物的共同影响将更加复杂。本试验在 3.1—3.3 节试验的基础上，将进一步研究中温条件下(35℃左右)，pH 短期控制和长期控制对剩余污泥水解酸化的影响；温度为 21℃左右时，改变搅拌速度，同时将 pH 值酸碱性控制转变为中性控制时对污泥水解酸化的变化。

3.3节中采用NaOH或HCl对剩余污泥中的pH每日至少调节2次以上，以保证pH在所要求的范围内，实际上，pH酸碱性调节经常用作预处理的手段，即采用加入一定量的NaOH或HCl进行酸碱预处理或对污泥的pH只进行短期调节，之后不再进行控制。试验中采用5个同样装置(同图3-6)考察对比pH长期调节控制和短期控制对剩余污泥厌氧发酵20 d内的影响，其中2个装置中的剩余污泥的pH在发酵24 h内分别控制为5.0和10.0，然后不进行控制；另2个装置中的剩余污泥的pH一直控制在5.0和10.0，作为对比；第5个装置中的pH不进行调节。试验在恒温室中进行，污泥温度为(35±1)℃，搅拌速度为60～80 r/min。剩余污泥的性质同表3-1。

此外，3.3节中还发现剩余污泥的pH控制在酸性范围内时，pH5.0基本是能够产生较大量SCOD和VFAs的较优酸性pH，而碱性范围内，pH10.0基本上是发酵产酸的较佳条件碱性pH。事实上，当污泥发酵产酸用于增强营养物质去除时，较优的pH范围为6.4～8.0。除此之外，有研究表明快速搅拌等机械手段可以使污泥颗粒变得细而均匀，而且可以一定程度地提高污泥颗粒的可生化降解性能。3.2节的研究中虽然说明快速搅拌对产酸贡献较小，但是快速搅拌作为污泥发酵预处理的手段仍具有一定的优势。本试验以快速搅拌作为预处理手段，结合pH从酸碱性控制转变为中性左右等条件对剩余污泥厌氧水解酸化的影响进行了研究。采用了7个同样装置(同图3-6)，3个装置首先在快速搅拌(410～430 r/min，为本试验中采用的数显搅拌器的最大搅拌速度)2h内pH保持5.0，随后搅拌速度恢复到3.3节中采用的60～80 r/min，而pH分别控制为6.0、7.0和8.0；另外3个装置采用同样的控制策略，只是在快速搅拌的2h内pH保持10.0；第7个装置中，只是对剩余污泥快速搅拌2h，随后搅拌速度恢复为60～80 r/min，其pH不进行调节控制。试验在恒温室中进行，污泥温度约为(21±1)℃。剩余污泥的性质同表3-1。

3.4.2 pH 长期和短期调节对剩余污泥厌氧发酵的比较

1. SCOD 的变化规律

图 3-29 为 pH 调节时间长、短不同时，SCOD 产量在厌氧发酵 20 d 内的变化。从图中可以看出，pH10.0 时，较短发酵时间内(4 d 左右)，pH 长、短期调节的 SCOD 产量比较接近；随着发酵时间的延长，长期调节高于短期调节；pH5.0 时，SCOD 值的变化规律与 pH10.0 不同，10 d 内长、短期调节 SCOD 产量比较接近，随着发酵时间的延长，长期调节时的 SCOD 产量逐渐变小。

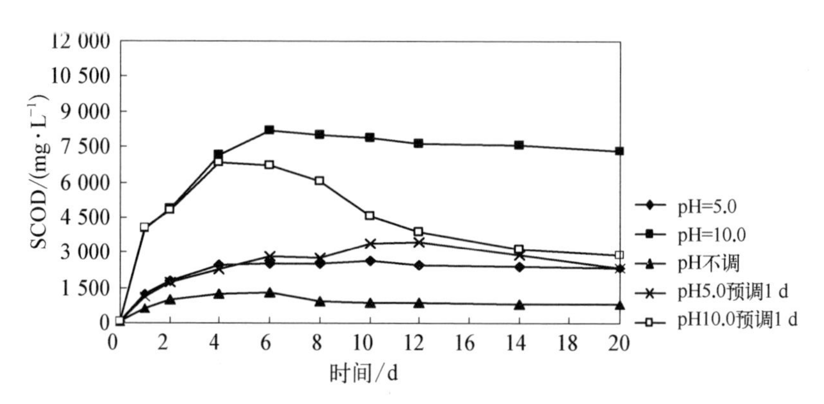

图 3-29　pH 调节时间不同时(1 d 与 20 d)的 SCOD 变化规律

分析原因，主要是当污泥的 pH 经过近 24h 的酸碱性调节后，有不断向初始值变化的趋势。图 3-30 即为整个过程的 pH 变化，从图 3-30可以看出当 24h 调节污泥的 pH 为碱性 10.0 后，随着发酵时间的延长 pH 渐渐降低，到了第 20 d 为 8.5 左右，而 24h 调节 pH 为酸性 5.0 后，污泥的 pH 逐渐升高，到了第 20 d 为 7.5 左右，从前面 3.3.2 节的分析可以得到较高的 pH 利于 SCOD 的生成，从而 pH 短期调为 10.0 时的 SCOD 值逐渐低于长期调节，而 pH 短期调为 5.0 时的情况与之相反。

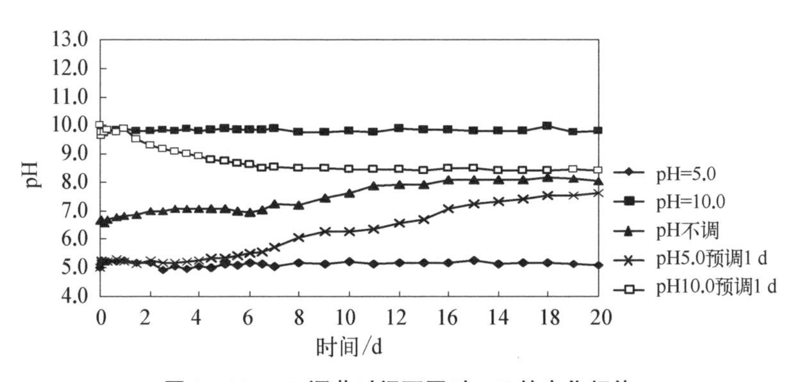

图 3-30　pH 调节时间不同时，pH 的变化规律

除此之外，试验中还分析了 *ORP* 随 pH 值长、短期调节的变化，如图 3-31 所示。比较图 3-31 与图 3-30，发现 *ORP* 的变化与 pH 的变化相反，即 pH 值越高 *ORP* 越低，表现为 pH10.0 时 *ORP* 一般在 −400～−500 mV，而 pH5.0 时则在 −100～−200 mV；当对 pH 进行短期调节时，随着 pH 的升高，*ORP* 有所降低，反之相反。另外，对比图 3-29 与图 3-31，发现 *ORP* 与 SCOD 产量的变化也有一定的规律。当 pH 长期调为 10.0 时，*ORP* 随着 SCOD 的增高而有所降低；当 SCOD 变化平缓时，*ORP* 逐渐升高然后也趋于平缓变化；当 pH 长期调为 5.0 时，变化与之相反；当 pH 短期调为 5.0 和 10.0 或不调时，*ORP* 随着 SCOD 值的初期升高也有所降低。这与 Chiu 等采用碱液对剩余污泥进行预处理的系统中，

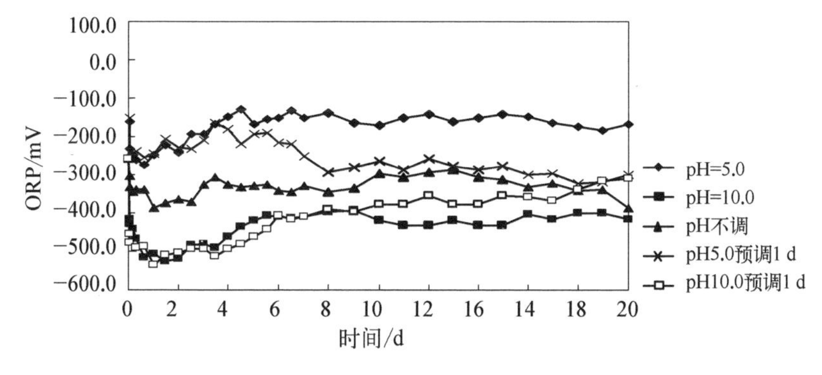

图 3-31　pH 调节时间不同时，*ORP* 的变化规律

测得 *ORP* 随着 SCOD 的增高而有所降低的规律类似[59]。可见，*ORP* 的变化不仅与 pH 值的变化有一定的关系，而且也可以用来判断 SCOD 产量的变化趋势。

从图 3－29 还可以看出，无论是 pH 长、短期调为酸性还是碱性，SCOD 值都大于 pH 不调的情况，说明对 pH 进行预调节有利于改善剩余污泥溶出的 COD 值，且碱性预调节优于酸性预调节。主要原因为碱性条件利于污泥颗粒中 ECP 的溶出(见 3.3.2 节第 1 点的分析)。

对比图 3－11 与图 3－29 中的 pH5.0、pH10.0 和 pH 不调时的 SCOD 的变化，两者的污泥温度有所不同，前者温度为 20℃，后者为 35℃，其他条件类似，图 3－32 即为不同温度下，pH 对 SCOD 的影响。结合图 3－29 看出，pH10.0 时，35℃时，发酵 12 d 内的 SCOD 值高于 20℃时的值，且达到最大值的发酵时间较短为 6 d 左右，6 d 之后 SCOD 值出现了逐渐下降的趋势；pH5.0 时，发酵 16 d 内，35℃时的 SCOD 值高于 20℃时的值，且在4 d 左右就达到了较高值，随后 SCOD 值变化不大；pH 不调时，20℃和 35℃时的 SCOD 值略有起伏，变化不是很有规律。这种变化主要是温度升高提高了剩余污泥的水解速率，而且 SCOD 利用速率也有所提高，对碱性条件下的剩余污泥厌氧发酵影响更甚，至于温度对水解酸化速率的影响将在第 4 章中重点研究。

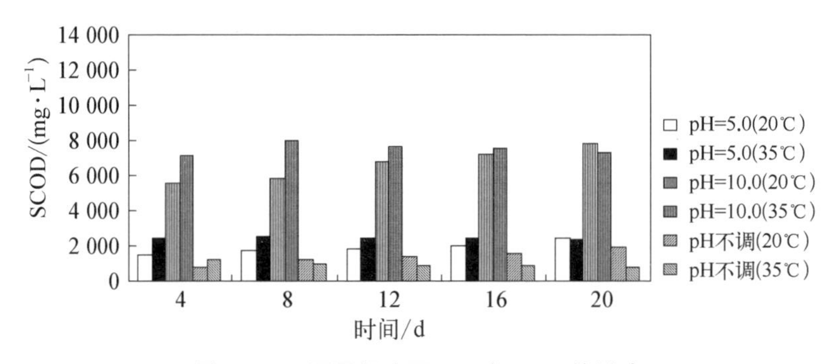

图 3－32　不同温度下 pH 对 SCOD 的影响

2. 总 VFAs 的变化规律

图 3－33 为 pH 调节时间不同时，总 VFAs 产量在厌氧发酵 20 d 内的变化。从图中可以看出，无论 pH 长、短期调为酸性 5.0 还是碱性 10.0，总 VFAs 产量高于 pH 不调，且碱性长、短期调节优于酸性；在发酵初期（6 d），pH 短期调为碱性 10.0 时，产生的总 VFAs 量比较接近长期调节，随后产量有所降低，这可以用前面分析的 pH 或 *ORP* 的变化来解释，即随着 pH 的降低总 VFAs 产量有所降低；pH 短期调为酸性 5.0 时的变化规律与之相反。

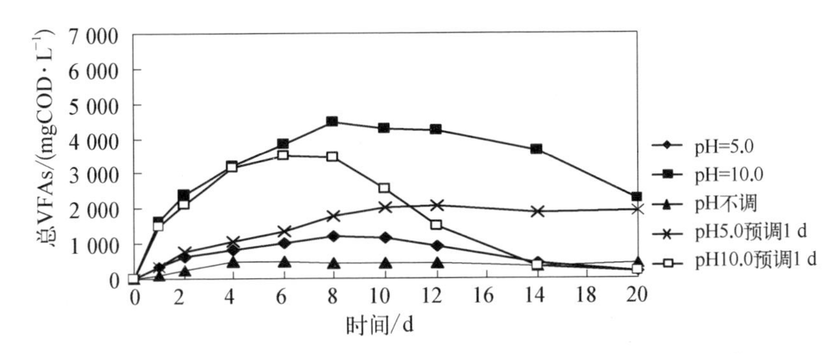

图 3－33　pH 调节时间不同时(1 d 与 20 d)总 VFAs 的变化规律

可见，如果为获得较高的产酸量，则 pH 长期调为 10.0 是有利的；如果目的为短期获得较高的 VFAs 产量，只对剩余污泥进行预调为碱性也是可行的。

3. 单个 VFA 的变化规律

图 3－34 至图 3－39 为 pH 调节时间长、短不同时，单个 VFA 产量（主要为六种短链脂肪酸，乙酸、丙酸、异丁酸、正丁酸、异戊酸和正戊酸）在厌氧发酵 20 d 内的变化。从这些图中可以看出：

（1）无论 pH 长、短期调节为酸性 5.0 还是碱性 10.0，乙酸和丙酸，特别是乙酸仍然是最占有优势的单个 VFA，其产值明显高于其他五种有机酸；带有支链的有机酸，异丁酸和异戊酸的产量高于相应的直链有机酸；正

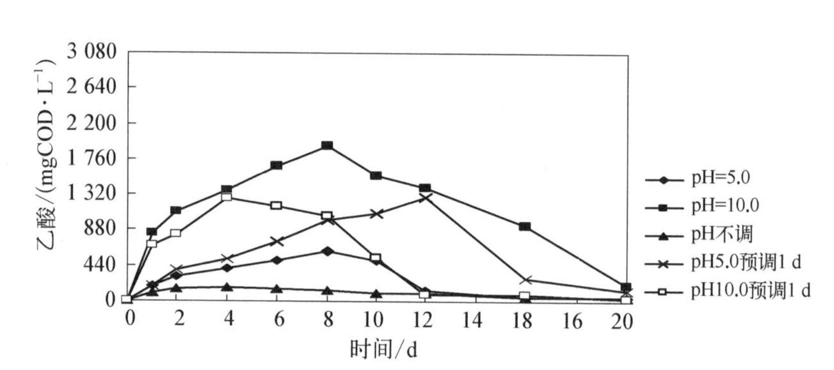

图 3-34 pH 调节时间不同时(1 d 与 20 d)乙酸的变化规律

戊酸的产量较低。

(2) pH 长、短期调为碱性时的产量明显高于酸性 5.0,除去丙酸外,其他的有机酸产量都是 pH 长期调为碱性 10.0 时比较有利,且随着发酵时间的延长,此优势越明显。

(3) 当 pH 预调为 5.0 经过 1 d 之后,单个 VFA 的产量渐渐高于 pH 长期调为 5.0 的情况,主要原因类似于前面 SCOD 值或总 VFAs 产量的分析,即 pH 渐渐增大的缘故。

(4) pH 短期调为碱性 10.0 时,比较有利于丙酸的生成,这与 3.3 节得到的试验结果并不矛盾。比较图 3-18 与图 3-35,可以看出 pH 为 8.0、9.0 和 10.0 时都较有利于丙酸的生成,而且产量相差不大,特别是 pH9.0 时的产量几乎高于 pH10.0。因此,pH 预调为 10.0 经过1 d之后,随着发酵时间的延长,pH 逐渐下降,渐渐达到 9.0 左右,直到 20 d 达到 8.5 左右,所以丙酸产量逐渐高于 pH10.0,然后又有所下降。

(5) 丙酸、异丁酸、正丁酸、异戊酸和正戊酸的产量在达到最大值之后都有所下降,这与 3.3 节的结果有些不同,原因可能是前后剩余污泥的温度有所不同,前者温度为 20℃,低于后者的 35℃,在 20℃~35℃内,随着温度的提高微生物胞内外酶的活性有所提高[43],不但加快了发酵产酸的速

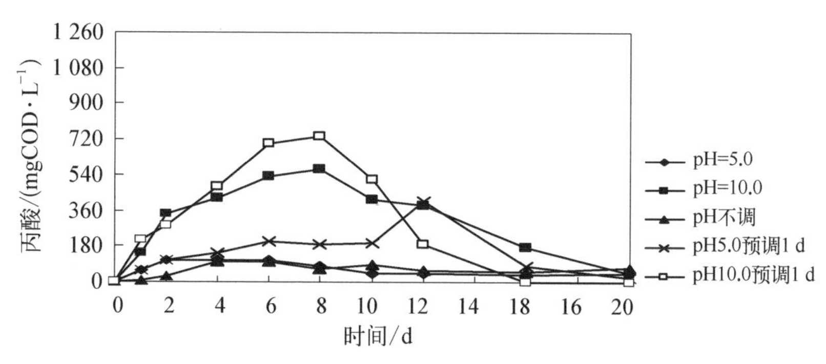

图 3-35　pH 调节时间不同时(1 d 与 20 d)丙酸的变化规律

率,而且其消耗利用的速率也有所增强(C_2以上有机酸可以进一步代谢为乙酸等),表现为达到最高值后快速下降。

(6) 比较图 3-16 与图 3-34,可以看出图 3-34 中乙酸产量达到最大值后也出现快速下降,这可能是乙酸进一步消耗生成甲烷或挥发掉。可见,在 35℃ 的温度下,随着发酵时间的延长,即使在较强的碱性条件下(pH10.0),乙酸的减少速率也有所提高。

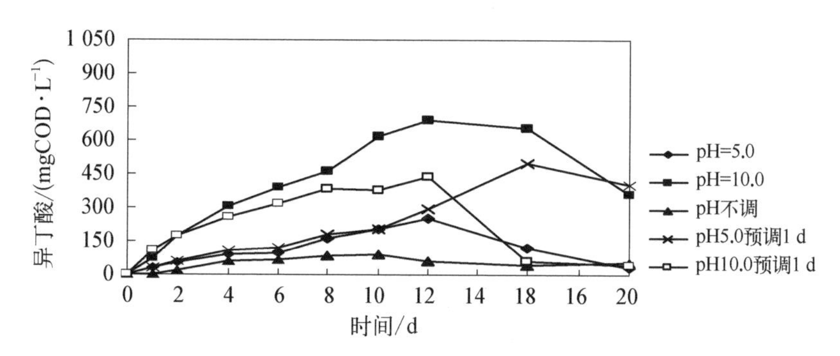

图 3-36　pH 调节时间不同时(1 d 与 20 d)异丁酸的变化规律

4. 溶解性碳水化合物和蛋白质的变化规律

图 3-40 为 pH 调节时间长、短不同时,溶解性碳水化合物在厌氧发酵 20 d 内的变化。可见,pH 长期(20 d)调节为碱性 10.0 时,溶解性碳水化合物的浓度明显高于其他条件,且随着发酵时间的延长,浓度值基本上

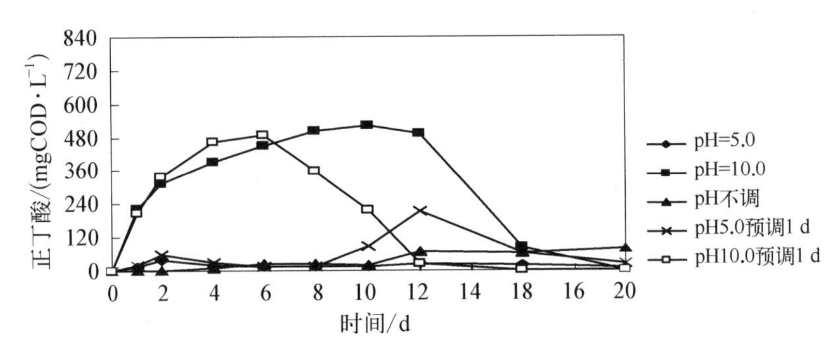

图 3-37　pH 调节时间不同时(1 d 与 20 d)正丁酸的变化规律

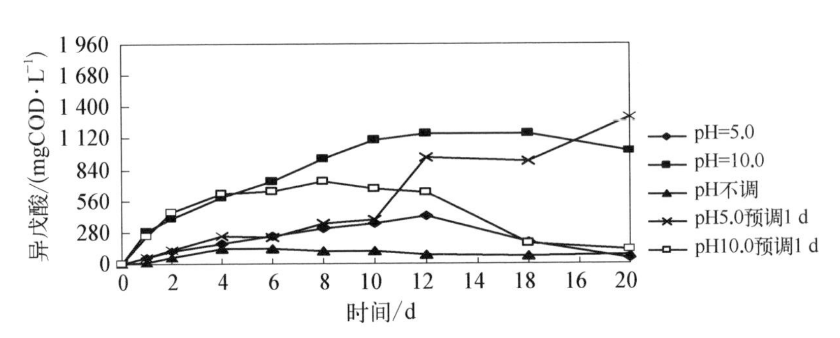

图 3-38　pH 调节时间不同时(1 d 与 20 d)异戊酸的变化规律

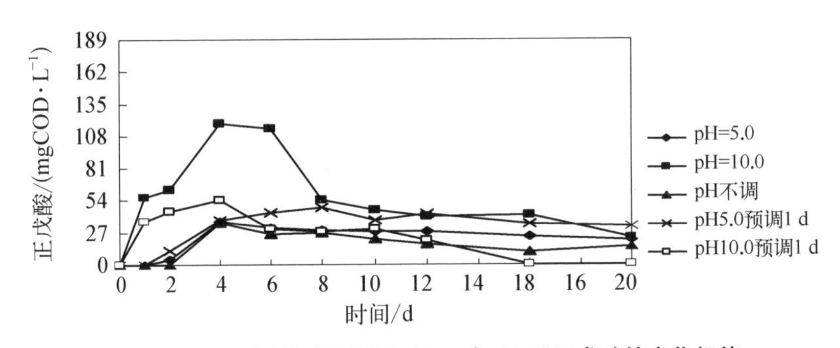

图 3-39　pH 调节时间不同时(1 d 与 20 d)正戊酸的变化规律

是逐渐升高，说明一直保持强碱性条件比其他条件更有利于污泥中的颗粒性物质转化为溶解性碳水化合物，从而为 VFAs 生物生产提供了较多的基质。当 pH 短期(1 d)调节为碱性 10.0 时，发现溶出的碳水化合物浓度在发酵初期(2 d 之内)与长期调节比较接近，随后变化不大，说明 pH

经过 1 d 调节为 10.0 后，其 pH 在 8.5～10.0 变化时，对碳水化合物的溶出影响不大，这与前面的试验结果并不矛盾，见图 3－23；pH 长期（20 d）调节为酸性 5.0 时，除去个别的时间段外（比如 8 d），比短期调节较利于溶解性碳水化合物的生成，这与短期调节的 pH 变化也不矛盾；无论 pH 长、短期调为酸性还是碱性，溶出的碳水化合物的浓度比 pH 不调时要高，说明调节 pH 仍是有利的。

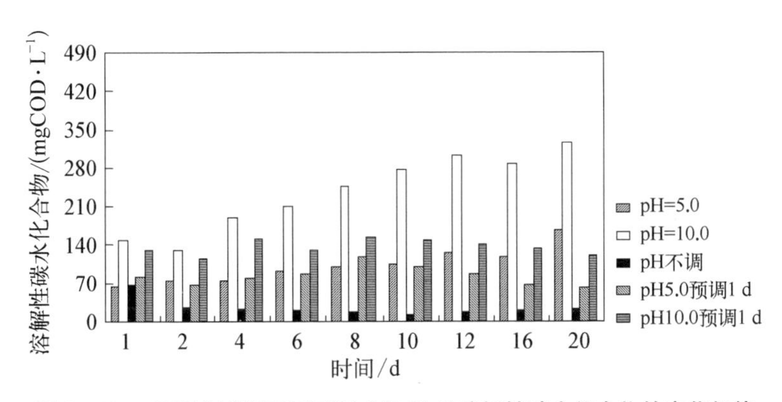

图 3－40　pH 调节时间不同时(1 d 与 20 d)溶解性碳水化合物的变化规律

图 3－41 为 pH 调节时间长、短不同时（1 d 与 20 d），溶解性蛋白质在厌氧发酵 20 d 内的变化。从图中可以看出，pH 长期（20 d）调节为碱性 pH10.0 时，溶解性蛋白质的浓度明显高于其他条件，且随着发酵时间的延长，浓度值缓慢升高。可见，同图 3－40 所示碳水化合物的溶出一样，一直保持强碱性条件比其他条件更加利于污泥中的颗粒性蛋白质物质转化为溶解性物质，从而为产酸提供了可利用的有效基质；当 pH 短期（1 d）调节为碱性 pH10.0 时，发现溶出的蛋白质在发酵初期（2 d 之内）与长期调节比较接近，随后有所减少，到了发酵后期（10～12 d）与 pH 长、短期调为酸性 5.0 时的溶解性蛋白质的浓度相差不大，说明 pH 在 5.0～8.0 之间变化时，溶解性蛋白质的浓度变化不大，与图 3－24 所示的变化规律比较一致。

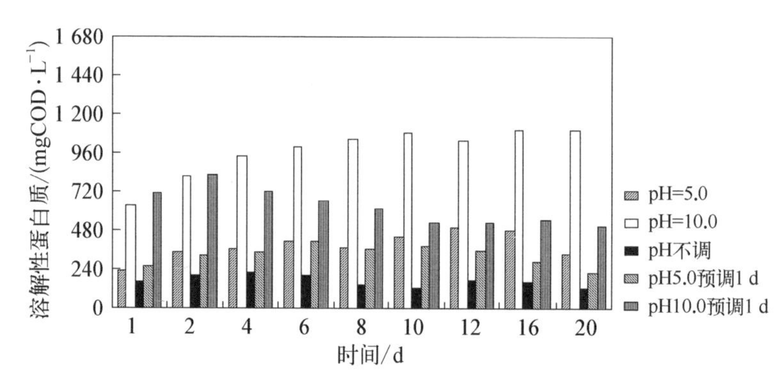

图 3-41　pH 调节时间不同时(1 d 与 20 d)溶解性蛋白质的变化规律

5. 正磷酸盐和氨氮的变化规律

图 3-42 为 pH 调节时间不同(1 d 与 20 d)的条件下，溶出的PO_4^{3-}—P 随厌氧发酵时间的变化。从图中可以看出，pH 长、短期调为酸性 5.0 时，溶出的 PO_4^{3-}—P 浓度要高于其他条件，只是到了发酵的后期，随着短期调节的 pH 值的升高，PO_4^{3-}—P 浓度有所降低；pH 长、短期调为碱性 10.0 时，溶出的 PO_4^{3-}—P 浓度值相差不大，在发酵 10 d 左右，基本上小于 pH 不调的情况，而在 pH 不调的条件下，在发酵后期(10 d 之后)，随着其 pH 的升高，溶出的 PO_4^{3-}—P 浓度有所下降。可见，pH 碱性条件下 PO_4^{3-}—P 的溶出较少，原因仍然同上一节的分析，即碱性条件下，PO_4^{3-}—P 易与污泥中存在的某些阳离子形成沉淀。

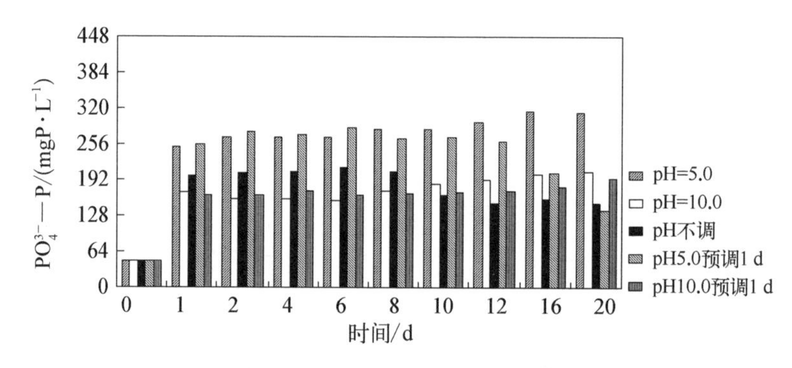

图 3-42　pH 调节时间不同时(1 d 与 20 d)PO_4^{3-}—P 的变化规律

图3-43为pH调节时间不同(1 d与20 d)的条件下，溶出的氨氮随厌氧发酵时间的变化。从图中可以看出，发酵初期(4 d之内)，pH长、短期调为碱性10.0时，溶出的氨氮浓度略高于其他条件，随着发酵时间的延长，此值有所降低，渐渐低于调为酸性5.0的情况，特别是长期调为碱性的条件下，溶液中的氨氮浓度降低较快，到了第20 d仅为10 mgN/L左右。

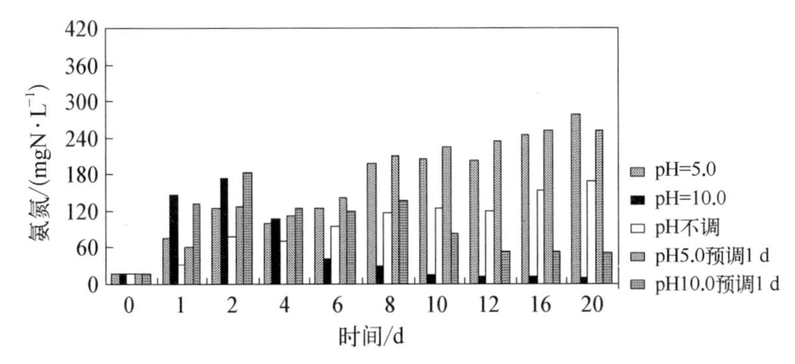

图3-43 pH调节时间不同时(1 d与20 d)，氨氮的变化规律

分析原因，除了上一节提到的碱性条件下，氨氮中游离氨占主要成分，且随着蛋白质物质的进一步水解，产生的游离氨的增多从而破坏了气液平衡使部分氨挥发外，本试验条件下，35℃的温度更加易于游离氨的挥发。

3.4.3 pH酸碱性调节与搅拌速度改变对剩余污泥发酵的影响

1. SCOD的变化规律

图3-44为剩余污泥经过一定的预处理后，pH不调与pH调为6.0、7.0和8.0，且搅拌速度为60～80 r/min时的SCOD的变化规律。预处理的手段分为三种，将pH预调为酸性5.0，同时进行快速搅拌(410～430 r/min)2h，称为A预处理；将pH预调为碱性pH10.0，同时进行快速搅拌(410～430 r/min)2h，称为B预处理；对污泥的pH不进行调节，只进行快速搅拌(410～430 r/min)2h，称为C预处理(作为参照对比试验)。

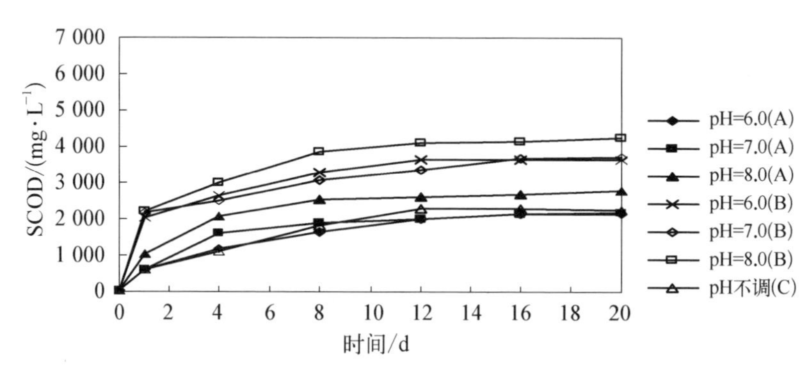

图 3-44 剩余污泥经过不同的预处理后,pH 对 SCOD 的影响(A 为 pH 预调 5.0+420 r/min 搅拌 2h;B 为 pH 预调 10.0+420 r/min 搅拌 2h;C 为 420 r/min 搅拌 2h)

从图 3-44 可以看出,B 种预处理产生的 SCOD 值明显大于 A 种和 C 种预处理;经过 B 种预处理后,pH 再控制为 6.0、7.0 和 8.0 时[pH6.0(B)、pH7.0(B)、pH8.0(B)],发酵 1 d 左右时,SCOD 产量出现快速增长且数值几乎一样,随后 pH8.0(B)时的 SCOD 值渐渐大于 pH6.0(B)和 pH7.0(B),而 pH6.0(B)时的 SCOD 值在发酵 1～16 d 内的增长略大于 pH7.0(B),随后 SCOD 的变化与 pH7.0(B)较接近;经过 A 种预处理后,pH 再控制为 6.0、7.0 和 8.0 时[pH6.0(A)、pH7.0(A)、pH8.0(A)],SCOD 产量变化类似于 B 种方法,即发酵 1 d 时出现了 SCOD 的快速增长,随后 pH8.0(A)时的 SCOD 值渐渐大于 pH6.0(A)和 pH7.0(A),不同的是 pH7.0(A)时的 SCOD 值在发酵 1～12 d内的增长略大于 pH6.0(A),之后与 pH7.0(A)时的值比较接近;经过 C 种预处理后,pH 不调的 SCOD 值与 pH6.0(A)和 pH7.0(A)较接近。这些结果说明在 2h 的快速搅拌预处理条件下,同时 pH 预调为酸性 5.0、碱性 10.0 或不调的情况下,然后 pH 再控制为碱性 8.0 时利于 SCOD 的生成,而且 pH 预调为碱性更加具有优势。

同 3.3.2 节的相应结果进行对比,如图 3-45 至图 3-47 所示,前者没有经过一定的预处理,后者采取了的一定的预处理手段。

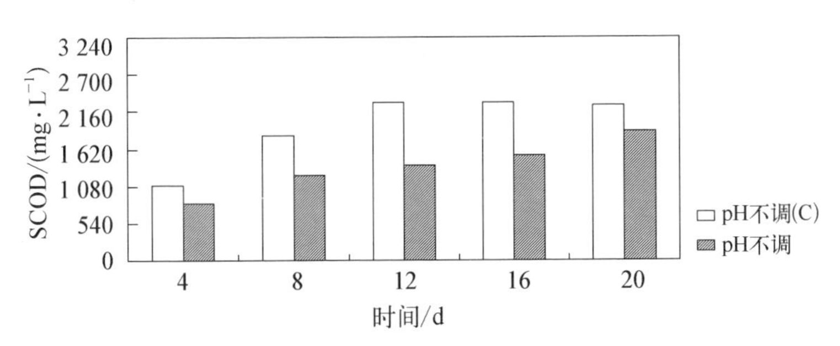

图 3－45　pH 不调的情况下，预处理与没有预处理的 SCOD 值的变化

图 3－45 为 pH 不调的情况下，剩余污泥经过快速搅拌 2h 的预处理（手段 C）和没有预处理的 SCOD 产量的变化。从图中可以看出，快速搅拌预处理后，剩余污泥的可生化降解性提高了，表现为溶出的 SCOD 值增多，比如，厌氧发酵第 8 d 时，SCOD 值约为没有经过预处理的 1.6 倍左右。

图 3－46 至图 3－47 分别为剩余污泥经过 2h 的快速搅拌，同时调节 pH 为酸性 5.0 和碱性 10.0 后（手段 A 和 B），pH 再调为 6.0、7.0 和 8.0 与 pH 长期调为 6.0、7.0、8.0 的 SCOD 产量的对比。从这些图中可以看出，经过 A 和 B 种预处理手段后，溶出的 SCOD 值增多，特别是在 B 种手段下，更加有利于 SCOD 的溶出。

从这些试验结果可以看出，如果为了避免装置的强酸碱腐蚀，只对剩

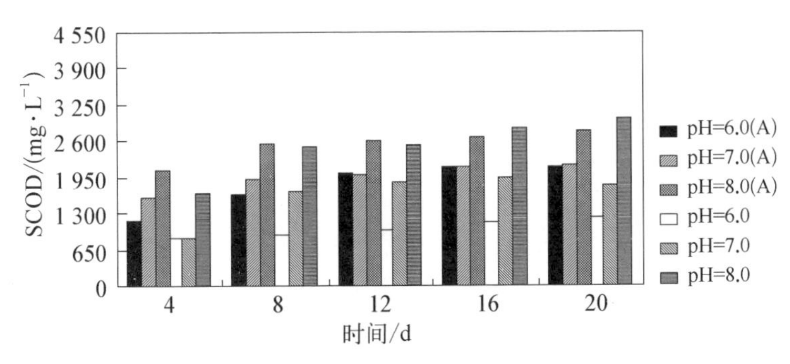

图 3－46　pH 为 6.0～8.0 时，预处理（手段 A）与没有经过预处理的 SCOD 的比较

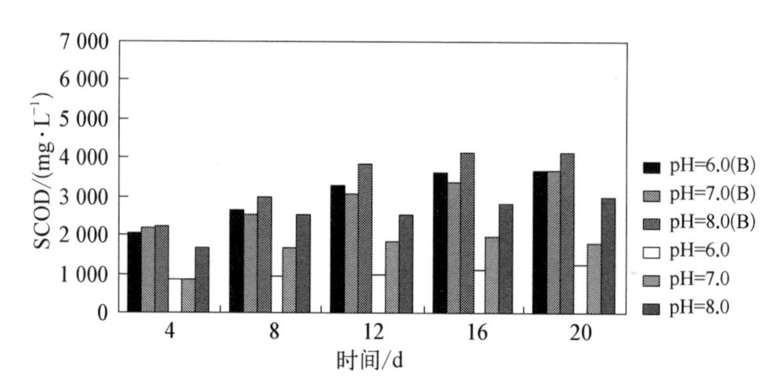

图 3-47　pH 为 6.0～8.0 时，预处理(手段 B)与没有经过预处理的 SCOD 的比较

余污泥进行短期的酸碱预处理，特别是碱性预处理，然后 pH 调为 8.0 左右，也能够得到相当可观的 SCOD 产量。另外，同时增加短期的快速搅拌预处理，效果将更加明显，比如，pH8.0(B)条件下，发酵 20 d 的 SCOD 产量为 4 300 mg/L 左右，约为前面分析的 pH10.0 时，发酵 20 d 的 55%。

2. 总 VFAs 的变化规律

图 3-48 为剩余污泥采用不同的预处理手段后，pH 再调为 6.0、7.0、8.0 或者不调时的总 VFAs 产量与没有经过预处理的只调节 pH 时的对比图。

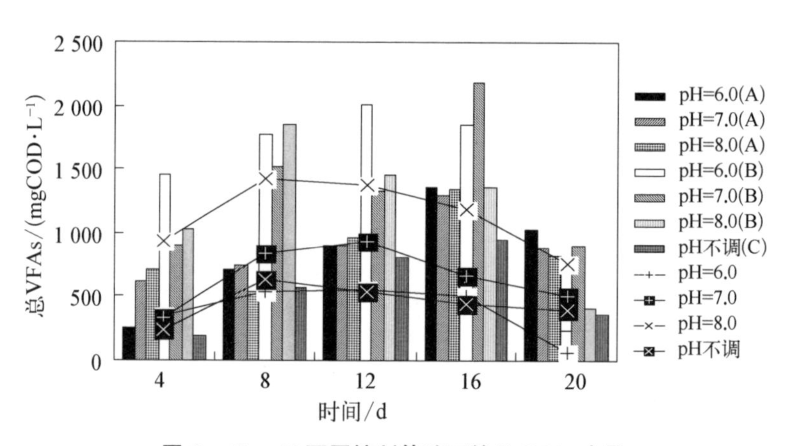

图 3-48　pH 不同控制策略下的总 VFAs 产量

从图中可以看出：

(1) pH6.0(B)、pH7.0(B)和pH8.0(B)条件下在4～20 d的厌氧发酵时间内，总VFAs产量基本上高于没有经过预处理而将pH直接调为8.0的情况，特别是对pH6.0(B)的条件下，优势非常明显。可见，剩余污泥经过调为强碱性预处理，再辅以快速搅拌预处理，比直接调节pH可以进一步改善污泥的发酵产酸性能。

(2) pH6.0(A)、pH7.0(A)和pH8.0(A)条件下在4～20 d的厌氧发酵时间内，总VFAs产量没有预处理手段B那样具有优势，但是基本上高于没有经过预处理的而直接将pH调为6.0、7.0和不调时的情况，到了发酵的后期(16 d左右)，略高于pH8.0时的值。

(3) 剩余污泥只经过快速搅拌2h(pH不调(C)，发酵时间较长(8～20 d)时，产生的总VFAs的量慢慢超过没有经过预处理且pH不调的情况，但是整体上的总VFAs产量小于预处理手段A和B。

总而言之，如果试验的目的是要求避免装置的强酸碱腐蚀条件下，获得更多的VFAs产量，那么对剩余污泥进行短期的强碱性预处理并且快速搅拌，然后pH调为6.0～8.0，可以得到比pH直接调为8.0时的更多的总VFAs产量。

3. 单个VFA的变化规律

图3-49至图3-54为剩余污泥采用不同的预处理手段后，pH再调为6.0、7.0、8.0或者不调条件下的乙酸、丙酸、异丁酸、正丁酸、异戊酸和正戊酸的产量与没有经过预处理的只调节pH时的对比图。现对其结果分别介绍。

对于乙酸，从图3-49看出，无论在哪种预处理手段下，乙酸产量都有不同程度的提高，且预处理手段B比手段A和C更具有优势；其产量的最大值基本上在预处理手段B的条件下获得，只是发酵时间不尽相同，比如，pH6.0(B)、pH7.0(B)和pH8.0(B)条件下，分别约在第12 d、第16 d和第

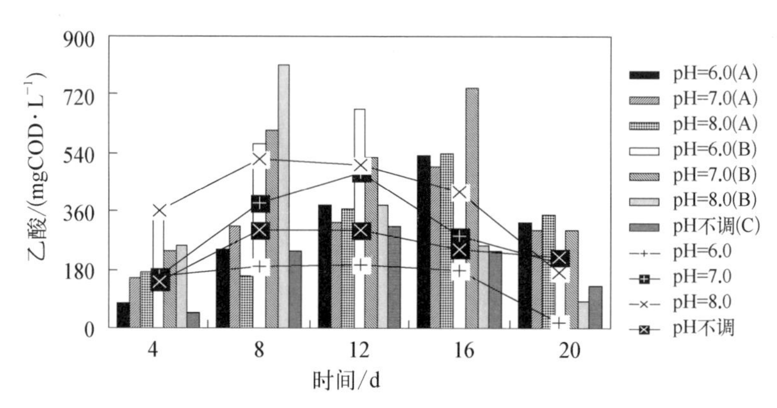

图 3 49 pII 不同控制策略下的乙酸产量

8 d 获得相应的最大值，此值高于 pH8.0 的情况，且 pH8.0(B)时的最大值较大，说明预处理后，pH 再调为偏碱性是有利的；在发酵的后期(16 d)，预处理手段 A 处理后的乙酸产量慢慢超过 pH8.0 的情况；不调节 pH，只进行快速搅拌 2h(预处理手段 C)，乙酸产量虽小于其他手段，而且也小于 pH 直接调为 6.0、7.0 和 8.0 的情况，但是比没有经过预处理的产值要高，说明快速搅拌较短的时间对提高乙酸产量仍是有利的。

丙酸的变化规律同乙酸比较类似，如图 3－50 所示，即预处理手段 B 条件下的丙酸产量大于其他手段，也大于 pH8.0 的情况，而且 pH6.0(B)、pH7.0(B)和 pH8.0(B)条件下，也基本上分别在第 12 d、第 16 d 和第 8 d

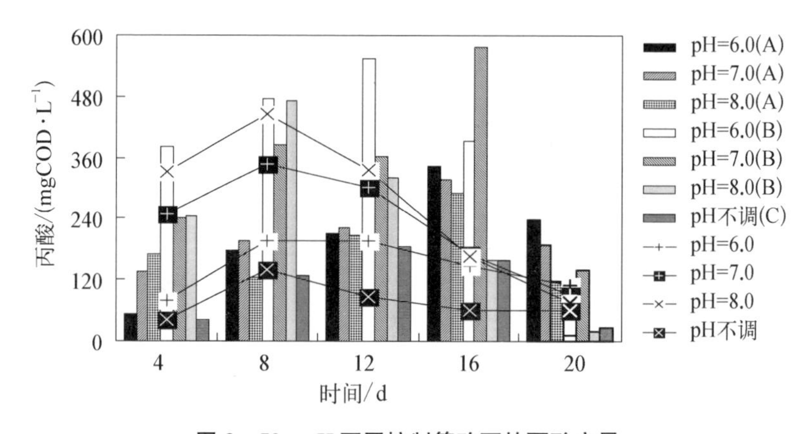

图 3－50 pH 不同控制策略下的丙酸产量

获得相应的最大值，只是整个 20 d 发酵时间内的最大值在 pH7.0(B)条件下获得，其值约 600 mgCOD/L 左右(第 16 d 的值)，略低于 pH8.0(B)条件下在第 8 d 获得的乙酸产量(811.92 mgCOD/L)。

异丁酸与异戊酸的产量变化不同于乙酸和丙酸，比较类似，如图 3-51 和图 3-53 所示。基本上预处理手段 B 下能获得较高的产量；无论哪种预处理手段，同 pH 直接调节为 8.0 一样，获得最大值的发酵时间比较长，约为 16 d 左右，说明剩余污泥经过调为碱性或酸性再辅以快速搅拌等预处理手段后，虽能不同程度地提高异丁酸和异戊酸的产量，但是发酵时间上并没有节省，异戊酸的产量变化类似于异丁酸，可见带有支链的有机酸的形成在发酵后期具有优势。

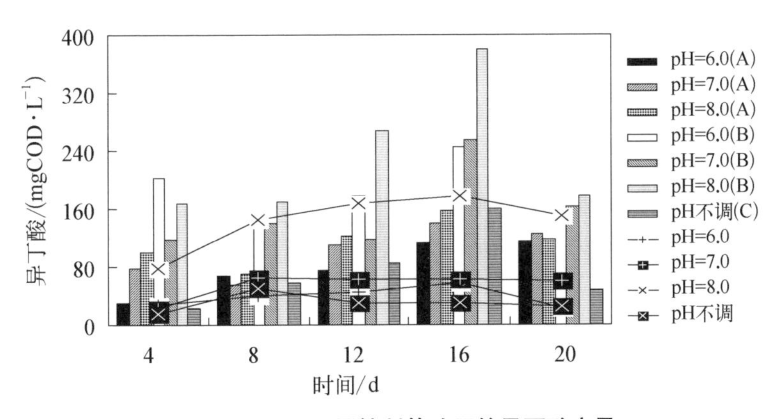

图 3-51　pH 不同控制策略下的异丁酸产量

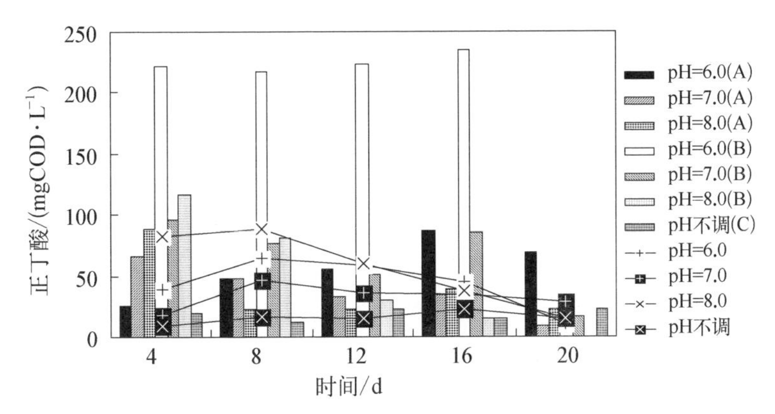

图 3-52　pH 不同控制策略下的正丁酸产量

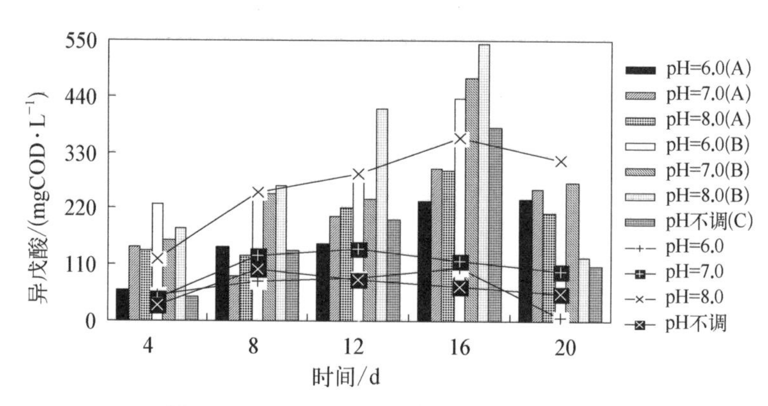

图 3-53　pH 不同控制策略下的异戊酸产量

直链的正丁酸、正戊酸产量变化较类似(图 3-52 和图 3-54)。基本上是在 pH6.0(B)条件下获得较高的产量，这一点同直接调节 pH 不相同，后者仍是调为偏碱性 8.0 时具有优势，预处理手段 A 条件下，也是 pH 再调为 6.0 时的产量高于 pH7.0(A)和 pH8.0(A)，可见剩余污泥经过调节酸碱性再加上快速搅拌等预处理后，pH6.0 条件下的直链 C_4 以上的有机酸的产量增值较高。除此之外，从图 3-54 还可以看出，正戊酸的产量比其他的短链脂肪酸产量最少。

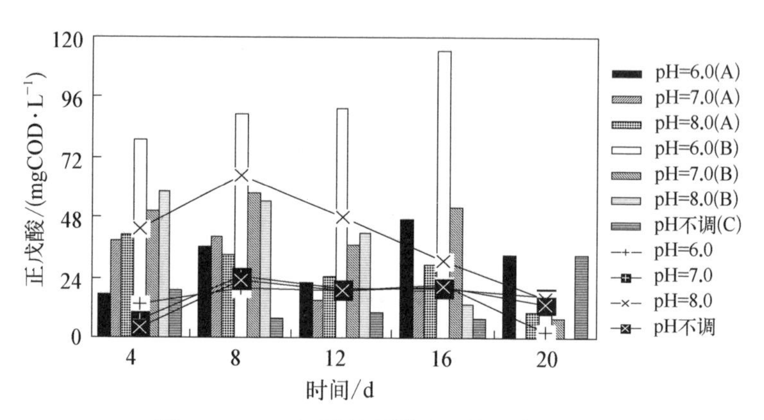

图 3-54　pH 不同控制策略下的正戊酸产量

4. 溶解性碳水化合物和蛋白质的变化规律

图 3-55、图 3-56 为剩余污泥经过三种预处理手段处理后，pH 再调为

6.0、7.0、8.0和不调时的溶解性碳水化合物和蛋白质的变化规律。从图3－55、图3－56可以看出，预处理手段B条件下，溶出的碳水化合物和蛋白质物质浓度较高，且pH8.0(B)的条件更具有优势。可见，强碱性预处理后，再调为偏碱性对于溶解性碳水化合物和蛋白质物质的获取仍是有利的。

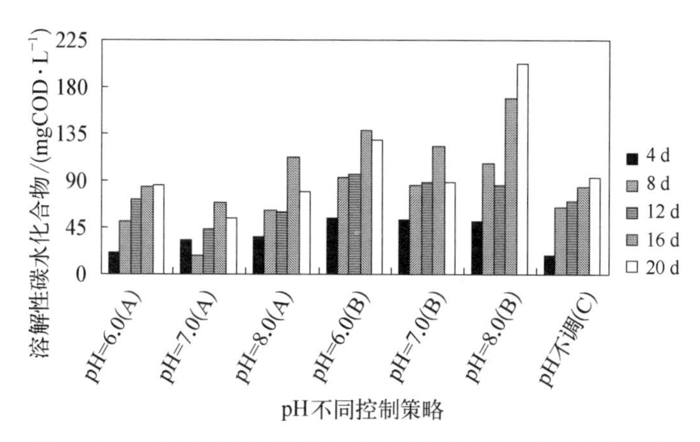

图3－55　pH不同控制策略下的溶解性碳水化合物的变化规律

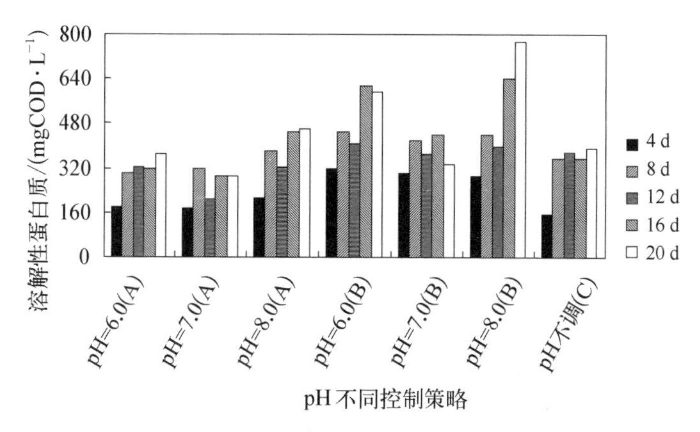

图3－56　pH不同控制策略下的溶解性蛋白质的变化规律

5. 正磷酸盐、氨氮的变化规律

图3－57为采用不同的预处理手段后，pH再调为6.0、7.0、8.0或者不调条件下的溶出的PO_4^{3-}—P与没有经过预处理的对比图。从图中可以看出，经过预处理手段A、B和C处理后，不可避免地使剩余污泥中的磷释

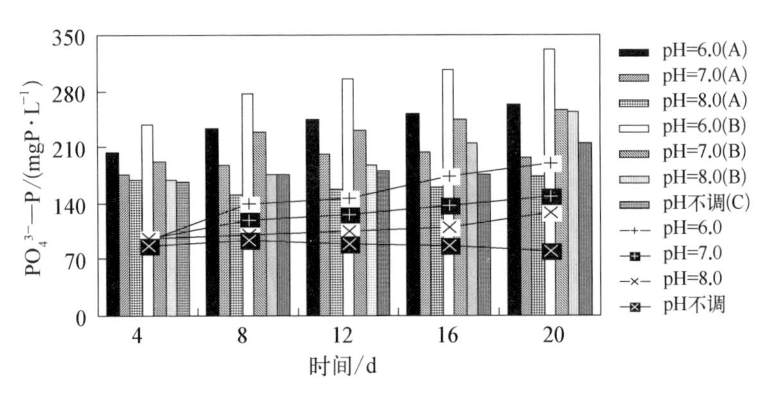

图 3-57　pH 不同控制策略下，PO_4^{3-}-P 的变化规律

放出来，且浓度高于没有经过预处理的情况，而且偏酸性 6.0 的条件下溶出的 PO_4^{3-}—P 较多。

图 3-58 为采用不同的预处理手段后，pH 再调为 6.0、7.0、8.0 或者不调条件下的剩余污泥滤液中的氨氮与没有经过预处理的对比图。从图中可以看出，pH6.0(A)、pH7.0(A)、pH8.0(A)或 pH6.0(B)、pH7.0(B)或 pH 不调(C)条件下，溶出的氨氮基本上随着发酵时间的延长而有所增多，且浓度值高于没有经过预处理的情况，而 pH8.0(B)的条件下，发酵 12 d之内，氨氮浓度变化不大且高于没有经过预处理的情况，随后氨氮浓度略有降低，渐渐低于 pH8.0，原因可能是剩余污泥经过强碱性(10.0)的预

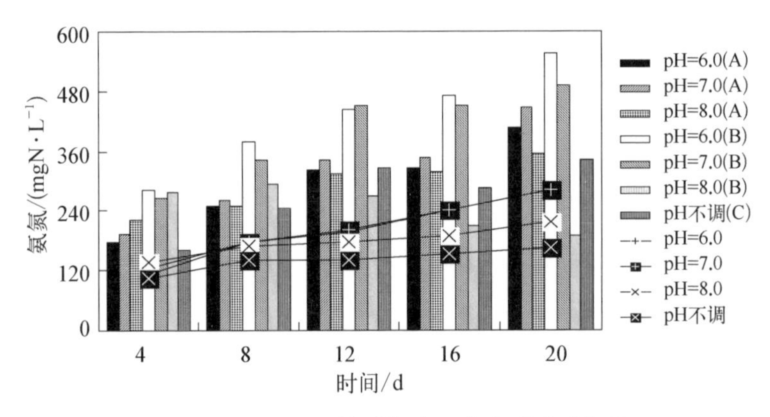

图 3-58　pH 不同控制策略下，氨氮的变化规律

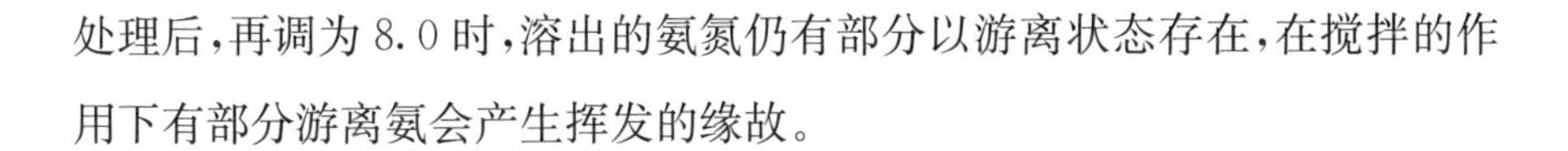

处理后，再调为 8.0 时，溶出的氨氮仍有部分以游离状态存在，在搅拌的作用下有部分游离氨会产生挥发的缘故。

3.5 本章小结

为了提高剩余污泥的产酸性能，本章研究了好氧与厌氧、搅拌、pH、温度等因素对剩余污泥发酵的影响，得到的主要结论如下：

(1) 对比了厌氧与好氧条件下的发酵结果，发现随着发酵时间的延长，厌氧水解酸化明显利于 SCOD 和总 VFAs 的生成。

(2) 研究了不同的搅拌方式和搅拌速度对剩余污泥厌氧发酵产物的影响，结果表明，机械式搅拌比磁力搅拌和摇床混合更加有利于颗粒性 COD 转化为溶解性 COD，搅拌速度越快 SCOD 值越高，但是搅拌速度太快使得大气中的氧溶入，不利于 VFAs 物质的生成，搅拌速度太慢污泥没有混合均匀也降低 VFAs 产量，从获取较高的 VFAs 产量角度出发，本试验条件下选取 60～80 r/min 的机械式搅拌速度。

(3) 厌氧条件下，采用机械式搅拌(速度为 60～80 r/min)，温度(21±1)℃，调节剩余污泥的 pH，结果表明：

① pH 调为碱性能够实现 SCOD 的大幅度增高。特别是将污泥的 pH 调为 10.0 或 11.0 时，可使 SCOD 增加到 8 000 和 9 000 mg/L 左右(20 d)，分别占 TCOD 和 BOD_{20} 的 58%～70%和 80%～100%。

② pH 为碱性 8.0～10.0 时，总 VFAs 产量明显大于 pH 4.0～7.0。特别是 pH10.0 时，发酵第 8 d 的总 VFAs 产量(2 708.02 mgCOD/L)与第 12 d 得到的最大值(2 770.40 mgCOD/L)较接近。从经济节能等方面综合考虑，可认为 pH10.0 且发酵时间为 8 d 是本试验条件下发酵产酸的较合适条件。

③ 六种短链脂肪酸中(乙酸、丙酸、异丁酸、正丁酸、异戊酸和正戊酸),除了 pH11.0 的条件,基本上是 pH 8.0～10.0 时的单个 VFA 产量大于 pH4.0～7.0,特别是 pH10.0 可以认为是利于单个 VFA 产生的较合适 pH 值。乙酸和丙酸产量较高,pH10.0 时,乙、丙酸产量之和占总 VFAs 的 60%～70%。

④ 关于溶解性碳水化合物和蛋白质物质的生成,基本上是较强碱性比近中性条件更加有利,且总 VFAs 的浓度高于溶解性碳水化合物和蛋白质的浓度,是主要的剩余污泥发酵的溶解性产物。

⑤ 酸性条件下溶解性的 PO_4^{3-}—P 浓度明显高于碱性,中性条件(pH7.0 或 pH8.0)产生的 PO_4^{3-}—P 与 pH 值不调时比较接近且浓度值较低。氨氮的浓度值基本上也是酸性条件大于碱性条件。

(4) 厌氧条件下,采用机械式搅拌(速度为 60～80 r/min),温度(35±1)℃,研究了 pH 长、短期(1 d 与 20 d)调为碱性 10.0 和酸性 5.0 以及不调时的 SCOD、总 VFAs、单个 VFA、溶解性碳水化合物和蛋白质物质、PO_4^{3-}—P 和氨氮等的产生规律,结果表明:

① pH 长、短期调为碱性 10.0 比酸性 5.0 和不调更加利于 SCOD、总 VFAs、单个 VFA、溶解性碳水化合物和蛋白质物质的生成,但是溶解性的 PO_4^{3-}—P 和氨氮浓度低于酸性条件。

② 一般情况下,较短的发酵时间内(2～4 d),pH 短期调为碱性 10.0 与长期调节时的 SCOD 值和总 VFAs 值比较接近,随后长期调节才占有优势,如果试验的目的是为了短期获得较高的 SCOD 和有机酸的产量,那么只对 pH 短期(1 d 左右)预调节为碱性 10.0 也是可行的。

③ 比较长期调节 pH 为 10.0 或 5.0 或不调在 21℃与 35℃的情况,发现温度的升高虽然对 SCOD、总 VFAs、单个 VFA、溶解性碳水化合物和蛋白质物质、PO_4^{3-}—P 和氨氮等的产生规律影响不大,但是提高了其产生和消耗的速率,表现为达到相应最大值的发酵时间有所缩短。

(5) 温度为(21±1)℃,将剩余污泥的 pH 调为 10.0 或 5.0,同时快速搅拌(410～430 r/min)2h 作为预处理手段,然后恢复搅拌速度为 60～80 r/min,同时 pH 再调为 6.0、7.0 和 8.0。研究表明,前者比后者获得了较多的 SCOD、总 VFAs、单个 VFA、溶解性碳水化合物和蛋白质物质,但溶解性的 PO_4^{3-}—P 和氨氮浓度低于后者;pH 不调情况下,单纯采用快速搅拌预处理与没有经过预处理的相比,SCOD、总 VFAs、单个 VFA、溶解性碳水化合物和蛋白质等物质的浓度也有不同程度的提高。

第4章

剩余污泥厌氧水解酸化过程动力学经验模式

4.1 试验中采用的反应器的简化模型

将剩余污泥放置在如图 3-6 所示的反应器中，反应器呈圆槽状，有效高径比小(250 mm∶100 mm=2.5<3.0)；在搅拌速度为 60～80 r/min 的机械式搅拌器的搅拌下污泥没有分层，表面也没有大的漩涡产生，能够实现充分搅拌；间歇式操作，即一次加入污泥，0～20 d 之后取出，如果忽略了进料和取料时间，则生产时间即为反应时间，如果每次取样体积较小可以忽略，则反应体积为污泥的起始装填体积；反应在恒温室中进行，对污泥温度进行实时测定，发现温度变化在±1℃之内；试验中产生的气体(如甲烷)不是主要的目的产物且产量较少，可以认为整个试验为污泥颗粒性物质(固相)转化为溶解性物质(液相)的反应。可见，本试验采用的反应器类型类似于化学工业中的间歇式操作的等温槽式反应器[136]，将其进一步简化为图 4-1 所示的理

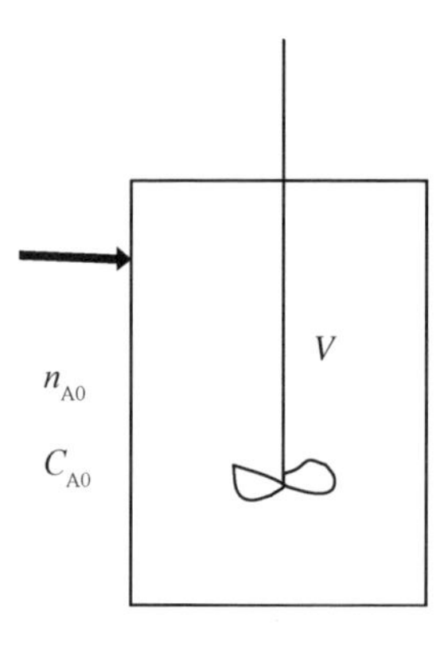

图 4-1　理想间歇槽式反应器

想间歇槽式反应器，主要特点如下[137]：

(1) 由于搅拌充分，可以认为反应器内污泥浓度均匀，且反应器内浓度处处相等，所以可以忽略物质传递对反应的影响。

(2) 反应器内污泥各处温度变化不大，可以认为温度近似相等，因而不再考虑反应器的热量传递问题。

(3) 反应器内污泥的加入和取出时间很短，可以忽略不计，因而污泥中的各种物质成分具有相同的反应时间。

(4) 有效反应时间为污泥进入后，达到所要求的反应率或收率所经历的时间；有效反应体积为污泥所占体积，随温度、压力及反应进程的变化通常很小，可视为恒容系统。

(5) 反应器中污泥发酵的结果将唯一地由生化反应动力学所确定。

4.1.1　间歇式反应器性能的数学描述

物料衡算以质量守恒定律为基础，是计算反应器体积的基本方程。对反应器进行某组分的物料衡算的基本式为：

$$\text{某组分流入量} = \text{某组分流出量} + \text{某组分反应消耗量} + \text{某组分积累量} \tag{4-1}$$

在本试验的间歇式反应器中，由于搅拌充分，槽内物料的浓度和温度达到均一，因而可以对整个反应器进行物料衡算。间歇操作中流入量和流出量都等于零，所以对反应组分 A 的物料衡算式可写成：

$$0 = 0 + (-r_A)V + \frac{dn_A}{dt} \tag{4-2}$$

$$(-r_A) = -\frac{1}{V}\frac{dn_A}{dt} \tag{4-3}$$

当反应总体积 V 不变时，$C_A = \frac{M_A n_A}{V}$，则式(4-3)可写成：

$$-r_A = -\frac{dC_A}{dt} \tag{4-4}$$

式中　r_A——反应组分 A 的反应速率，由于是反应物，其量总是随反应进行而减少，所以速率前赋予负号；

n_A——反应组分 A 的物质的量，mol；

C_A——反应组分 A 的浓度；

M_A——反应组分 A 的平均摩尔质量。

式(4-4)为反应组分 A 的反应速率表达式，仅适用于恒容间歇反应器。反应速率 r_A 的单位取决于反应量、反应区和反应时间的单位。如果反应区为污泥有效体积，则 r_A 单位为 mg/(m^3·h)或 mg/(L·d)。

实际工程中，常需要求得反应组分 A 的转化率，特别是当 A 为关键组分时，生产的目的就是在一定的条件下，得到其最大的转化率。设组分 A 的转化率为 X_A，初始浓度为 C_{A0}，则：

$$C_A = C_{A0}(1 - X_A) \tag{4-5}$$

式(4-5)代入式(4-4)可得：

$$-r_A = C_{A0}\frac{dX_A}{dt} \tag{4-6}$$

对式(4-6)进行积分，便可求得反应达到一定的转化率 X_{Af}时所需的反应时间 t：

$$t = C_{A0}\int_{X_{A0}}^{X_{Af}} \frac{dX_A}{-r_A} \tag{4-7}$$

同样可把式(4-7)表示为：

$$t = \int_{C_{A0}}^{C_{Af}} \frac{dC_A}{-r_A} \tag{4-8}$$

只要已知反应动力学方程式或反应速率与组分 A 浓度 C_A之间的变化规律，就能计算反应时间 t，在特定情况下，如果反应动力学能以函数关系式定量地表示，则可从式(4-7)或式(4-8)直接积分获得反应结果的显示解。

4.1.2　间歇式反应器的推广

本试验利用间歇式反应器进行剩余污泥水解酸化动力学的研究，得到的动力学方程不仅适用于间歇式反应器，而且可以推广应用到其他连续流或者半间歇式反应器，只是公式(4-1)—式(4-8)要作些改变。

对于连续式或半间歇式操作，反应器中物料浓度随空间长度或时间有所变化，所以选取反应器微元体积，假定在这些微元体积中浓度和温度均匀，从而对该微元体积进行物料衡算，将这些微元加起来，成为整个反应器。此时，取 V_r 作为反应控制体积，设在时间间隔 dt 内，反应器里反应组分 i 的积累量为 dn_i，消耗速率为 R_i，反应器进出口的物料体积流量分别为 Q_{in} 和 Q_{out}，求出质量变化代入式(4-1)得到：

$$Q_{in}C_{in} = Q_{out}C_i - R_iV_r + \frac{dn_i}{dt} \tag{4-9}$$

在不同情况下，式(4-9)可作相应简化。处于定态时的连续流反应器，式(4-9)中积累量为零，进出水量不为零；处于非定态下的连续流或半间歇式反应器，式(4-9)中所有项都需考虑。

4.2　剩余污泥厌氧水解酸化动力学简化过程

4.2.1　水解酸化的生化过程

剩余污泥的厌氧水解酸化转化过程按其类型可分为两种[44,87]：

(1) 生化过程。根据 1.1 节污泥发酵产酸的生化机理的描述可知，水解酸化反应器中，剩余污泥颗粒中的微生物在胞内或胞外酶催化的作用下，利用溶解态有机物（污泥中原有的或水解产物）作为基质进行厌氧发酵，产生有机酸并获得能量。其中一部分能量用于水解（此过程为一耗能过程）；另一部分能量用于细胞合成，以维持其自身的生命活动。此外，水解发酵微生物还要进行内源呼吸。复杂有机物分解成颗粒性组分，并随后由酶水解为可溶性单体为胞外过程。可溶性物质产生有机酸的过程为胞内过程，这个过程导致微生物生长和死亡。

(2) 物理—化学过程。这些过程并非由微生物作媒介，它包括了离子结合/离解，气—液转化等过程。

为了简化模型，本试验的动力学模式中没有将物理—化学过程包括在内，而生化反应方程是任何模型的核心，仅用这些方程来表达水解酸化过程是可能的[87]。

剩余污泥水解酸化的生化过程中的物质转变和能量利用关系如图4-2所示。从图中可以看出，水解酸化反应器中，存在着悬浮态有机物的水解、溶解态基质的降解和微生物的合成（增殖）三个并行的生物学过程，水解酸化动力学就是描述三者各自及之间的相互关系。厌氧环境下，微生物增殖缓慢，而且长时间发酵使微生物不断解体消亡，本试验的模型中没有考虑微生物的增长等内容。

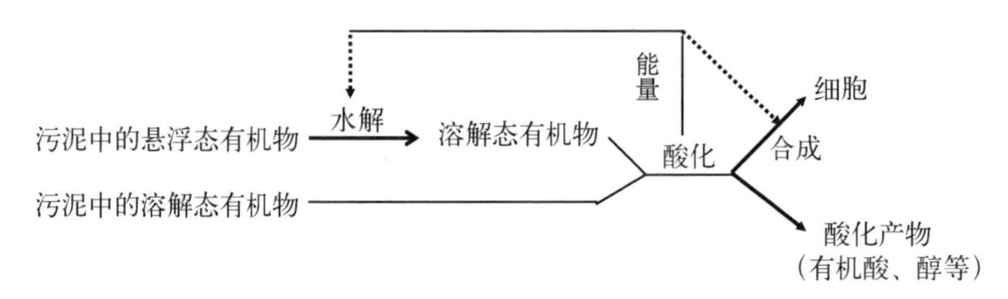

图 4-2　水解酸化过程物质转变及能量利用关系

剩余污泥中的悬浮态有机物可以用颗粒性 COD(X_C)来表示，其水解产物为 SCOD，所以水解动力学可以用 X_{COD} 转化为 SCOD 的过程来描述。溶解态基质可以用 SCOD(S_C)来表示，S_C 中包括溶解性的碳水化合物和蛋白质物质(本试验采用的剩余污泥中脂类物质占 TCOD 的值较小,为 1%左右,模型中没有考虑脂类物质),其降解过程即为溶解态的碳水化合物和蛋白质物质转化为单糖、氨基酸、VFAs、CO_2、H_2等的过程。需要说明的是VFAs 是主要的目标产物,而且还是 SCOD 的重要部分,所以单纯描述SCOD 中各种组成成分的降解动力学比较复杂,因此试验中采用 VFAs 的生成动力学来描述溶解性基质降解的过程,根据反应动力学的原理这是可行的[72]。

4.2.2 水解动力学方程

1. 水解模型的建立

对于 X_C转化为 S_C的水解动力学的研究,提出了多种数学模式。目前,较为实用的 Eastman 模式受到普遍接受[34]。该模式认为,在水解酸化反应器内,当微生物浓度以及其他环境因素维持不变时,颗粒有机物的水解速率与剩余颗粒有机物浓度关系为幂函数型动力学形式,呈一级反应,如式(1-6)所示。随后许多研究者对此进行过验证和应用。这在 1.2.1 节中进行过说明,例如,Moser-Engeler 等采用 60%的初沉污泥和 40%的剩余污泥进行厌氧发酵产酸研究,得到在 10℃和 20℃时,水解速率常数 k_h值分别为 0.047 d^{-1}和 0.152 d^{-1}[39];国际水协厌氧消化工艺数学模型课题组提出的厌氧消化一号模型(ADM1)中,也认为颗粒性物质转化为溶解性物质的胞外步骤为一级反应[87]。

但是,水解过程的复杂性使人们对其物化—生化机理仍然不是十分清楚,属于经验模型范畴,对不同种类的污泥、不同的预处理方式和调节方式等条件下的水解动力学方程需要通过试验数据进行确定。那么,本试验中对剩余污泥的 pH 调节为碱性,特别是针对于获得较高 SCOD 和总 VFAs产量的 pH10.0 条件下,X_C转化为 S_C的过程是否遵循一级动力学方程?如果为一级动力学方程,在何种范围内遵循一级动力学方程呢?在 pH10.0

的条件下得到的动力学规律是否适合于其他碱性条件或者酸性条件？下面的内容对此进行讨论。

2. 水解反应级数

根据反应动力学的原理，在其他环境条件恒定的条件下（如温度、pH等不变），反应物浓度对反应结果的影响表现为反应级数[137]。如果以转化率为目标，达到相同转化率所需的反应时间 t：

一级反应的反应时间 t 与初始浓度 C_{A0} 无关；

二级反应的反应时间 t 与初始浓度 C_{A0} 成反比；

零级反应的反应时间 t 与初始浓度 C_{A0} 成正比。

表 4-1 为 pH 为 10.0，剩余污泥温度为 30℃左右，起始污泥浓度不同，亦即剩余污泥的起始颗粒性 COD 浓度（X_{C0}）不同时，X_C 转化为 S_C 的转化率 x_C 随时间的变化。X_C 和 x_C 的计算公式如式（4-10）和式（4-11）。表中，X_{C01}、X_{C02}、X_{C03} 分别为 5 114 mg/L、10 570 mg/L、18 137 mg/L。

$$X_C = T_{max} - S_C \tag{4-10}$$

$$x_C = \frac{X_{C0} - X_C}{X_{C0}} \tag{4-11}$$

式中 X_C——反应时间 t 时的颗粒性 COD 浓度，mg/L；

T_{max}——TCOD 的理论最大值，mg/L；

S_C——反应时间 t 时的溶解性 COD 浓度，mg/L；

X_{C0}——反应初始时的颗粒性 COD 浓度，mg/L；

x_C——X_C 在反应时间 t 时的转化率。

式（4-10）中，S_C 可以通过重铬酸钾标准法测得。另外，由于剩余污泥中的有机物成分比较复杂，无法一一精确测定，所以可以采用试验中测得的 TCOD 的最大值（一般为初始 TCOD，T_{C0}）来代替式中的 T_{max} 值[59]。知道了 S_C 和 T_{max} 后，即可利用式（4-11）求得 x_C。

从表4-1中可以看出，不同X_{C0}下，在相同的反应时间范围内，X_C的转化率x_C近似相同，亦即满足前面提到的达到相同的转化率时，反应时间t与初始颗粒性COD浓度近似无关。此外，从表中还可以看出，不同X_{C0}下，随着发酵时间的延长，x_C值逐渐增大，直到第8 d达到最大，为60%左右，随后x_C值变化不大，这是由于到了发酵的后期，S_C逐渐转化为VFAs、CO_2等物质，而部分VFAs和CO_2挥发从而使S_C值减小的缘故。试验的目的为得到稳定的较高的S_C值，所以直到达到X_C最大转化率的时间范围内，按照式(4-10)计算出的X_C的水解速率近似遵循一级反应动力学。根据初始浓度与转化率的关系，对于一级反应，可以采用提高反应物初始浓度来增加生产能力。

表4-1　不同初始浓度下颗粒性COD的转化率随时间的变化

x_C/% \ t/d	1	2	4	5	8	12	16	20
X_{C01}	30.7	34.3	42.0	52.5	59.2	59.3	57.2	54.3
X_{C02}	29.4	33.9	43.1	53.2	59.1	58.5	57.0	54.1
X_{C03}	29.6	33.5	43.0	53.1	59.8	58.7	58.6	53.9

3. 水解反应速率常数

根据浓度效应可以近似得出在温度和pH不变的条件下，剩余污泥水解动力学遵循一级动力学方程，但是反应速率常数却不一定相同，主要受温度效应的影响。

由一级反应动力学，剩余污泥的水解速率可以表示为：

$$-r_h = \frac{dX_C}{dt} = -k_h X_C \tag{4-12}$$

式中　r_h——X_C的水解速率，mg/(L·d)；

X_C——随厌氧发酵时间t变化的X_C浓度，mg/L；

k_h——水解速率常数，d^{-1}；

t——反应时间。

根据4.1节提出的间歇式反应器的假设条件，此时的反应时间 t 即为生产时间，与日常生活中的时间没有什么两样。但是，需要说明的是，直到达到 X_C 的最大转化率的时间（t_{cmax}）内，即 $t \leqslant t_{cmax}$，式(4-12)才成立。

对式(4-12)两边积分，得到：

$$\int \frac{dX_C}{X_C} = -\int k_h dt \tag{4-13}$$

在等温条件下，水解速率常数 k_h 为常数，则式(4-13)为：

$$-k_h t + b = \ln X_C \tag{4-14}$$

X_C 的值可以根据式(4-11)求得，作出不同温度下 $\ln X_C$ 与时间的关系图，其斜率即为 $-k_h$。

表4-2—表4-5为剩余污泥的初始浓度不变的条件下，即初始的 X_{C0}（约为13 366 mg/L）一致，pH调为10.0，温度范围10℃～35℃，厌氧发酵时间 t 在0～20 d之内的 X_C 的转化率 x_C 以及 $\ln X_C$ 与时间的关系。从表中可以看出，温度为10℃时，最大 x_C 值约为30.5%；20℃、30℃、35℃时，最大 x_C 值相近约为60%，这说明剩余污泥厌氧发酵的SCOD的最大产率近似相同，只是温度在10℃～20℃时，剩余污泥的充分发酵需要比20 d更长的时间；10℃和20℃时，随着发酵时间的延长，x_C 值逐渐增大，20 d左右达到最大；随着温度的升高，达到最大 x_C 值的时间有所缩短，如30℃时约为8 d，35℃时约为6 d，随后 x_C 值变化不大，这主要是因为发酵后期SCOD易于生成 CO_2 和 CH_4 等气体的缘故。总而言之，温度越高，越易于在较短的时间内得到最大的 x_C，亦即得到的SCOD最大产量的时间越短。

表 4-2　温度为 10℃ 时 x_C 及 $\ln X_C$ 与时间的关系

t/d	4	8	12	16	20
X_{C0} /(mg·L^{-1})	13 366	13 366	13 366	13 366	13 366
X_C /(mg·L^{-1})	10 218	10 189	9 940	9 630	9 287
x_C /%	23.5	23.8	25.6	27.9	30.5
	第 20 d 时转化率最大(t_{cmax} ≈20)				
$t \leqslant t_{cmax}$	4	8	12	16	20
$\ln X_C$	9.232 0	9.229 1	9.204 4	9.172 7	9.136 4

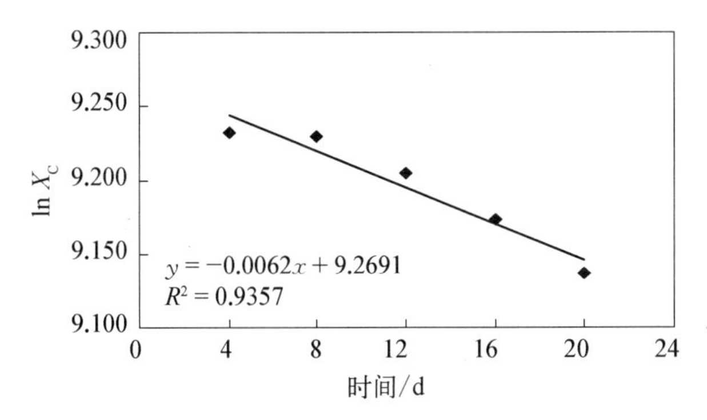

图 4-3　温度为 10℃ 时，$\ln X_C$ 与时间的关系曲线

表 4-3　温度为 20℃ 时，x_C 及 $\ln X_C$ 与时间的关系

t/d	4	8	12	16	20
X_{C0} /(mg·L^{-1})	13 366	13 366	13 366	13 366	13 366
X_C /(mg·L^{-1})	7 823	7 624	6 613	6 182	5 617
x_C /%	41.5	43.0	50.5	53.7	58.0
	第 20 d 时转化率最大(t_{cmax} ≈20)				
$t \leqslant t_{cmax}$	4	8	12	16	20
$\ln X_C$	8.964 8	8.939 1	8.796 7	8.729 4	8.633 5

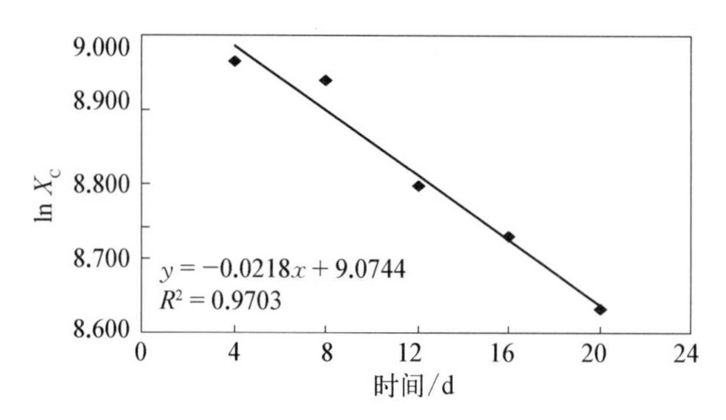

图 4-4　温度为 20℃ 时 $\ln X_C$ 与时间的关系曲线

表 4-4　温度为 30℃ 时，x_C 及 $\ln X_C$ 与时间的关系

<table>
<tr><td>t/d</td><td>1</td><td>2</td><td>4</td><td>5</td><td>8</td><td>12</td><td>16</td><td>20</td></tr>
<tr><td>X_{C0}/(mg·L^{-1})</td><td>13 366</td><td>13 366</td><td>13 366</td><td>13 366</td><td>13 366</td><td>13 366</td><td>13 366</td><td>13 366</td></tr>
<tr><td>X_C/(mg·L^{-1})</td><td>9 433</td><td>8 831</td><td>7 600</td><td>6 258</td><td>5 468</td><td>5 551</td><td>5 744</td><td>6 136</td></tr>
<tr><td rowspan="2">x_C/%</td><td>29.4</td><td>33.9</td><td>43.1</td><td>53.2</td><td>59.1</td><td>58.5</td><td>57.0</td><td>54.1</td></tr>
<tr><td colspan="8">第 8 d 时转化率最大（t_{cmax} ≈8 d）</td></tr>
<tr><td>$t \leqslant t_{cmax}$</td><td>1</td><td>2</td><td>4</td><td>5</td><td>8</td></tr>
<tr><td>$\ln X_C$</td><td>9.152 0</td><td>9.086 1</td><td>8.935 9</td><td>8.741 7</td><td>8.606 7</td></tr>
</table>

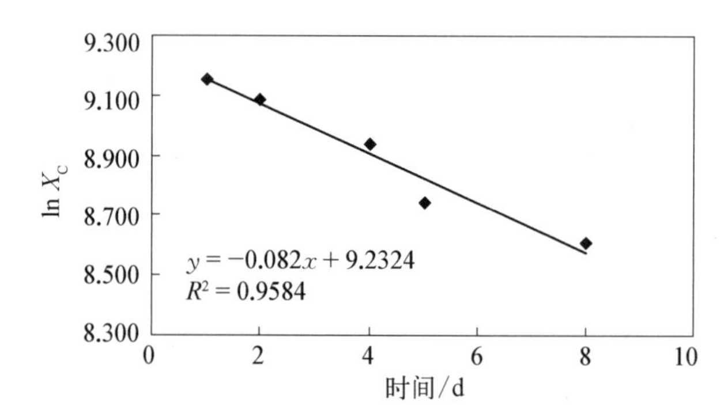

图 4-5　温度为 30℃ 时 $\ln X_C$ 与时间的关系曲线

表 4-5　温度为 35℃时，x_C 及 $\ln X_C$ 与时间的关系

t/d	1	1.5	2	3	4	6	8	10	12	16
X_{C0}/(mg·L^{-1})	13 366	13 366	13 366	13 366	13 366	13 366	13 366	13 366	13 366	13 366
X_C/(mg·L^{-1})	9 417	8 980	8 544	7 336	6 299	5 229	5 378	5 526	5 767	5 856
x_C/%	29.5	32.8	36.1	45.1	52.9	60.9	59.8	58.7	56.9	56.2
	第 6 d 时转化率最大（t_{cmax} ≈6 d）									

$t \leqslant t_{cmax}$	1	1.5	2	3	4	6
$\ln X_C$	9.150 2	9.102 8	9.053 0	8.900 5	8.748 1	8.561 9

图 4-3—图 4-6 为 $0 < t \leqslant t_{cmax}$ 的厌氧发酵时间内，根据表 4-2—表 4-5 的计算数据作出的 $\ln X_C$ 与反应时间 t 的关系图。对图 4-3—图 4-6 中的直线进行线性回归，回归方程如图中所示，线性方程的斜率即为不同温度下的水解速率常数 k_h 的负数，线性回归相关系数（R^2）在 0.90 以上。从图 4-3—图 4-6 中可以看出，$\ln X_C$ 与反应时间 t 有较好的线性关系，进一步说明 $0 < t \leqslant t_{cmax}$ 的厌氧发酵时间内，温度和 pH 保持不变的情况下，剩余污泥水解动力学遵循一级动力学方程。此外，温度越低剩余污泥的水解反应速率常数 k_h 越低，亦即厌氧水解速率越慢，这就使得达到 X_C 最大转化率的时间越长。

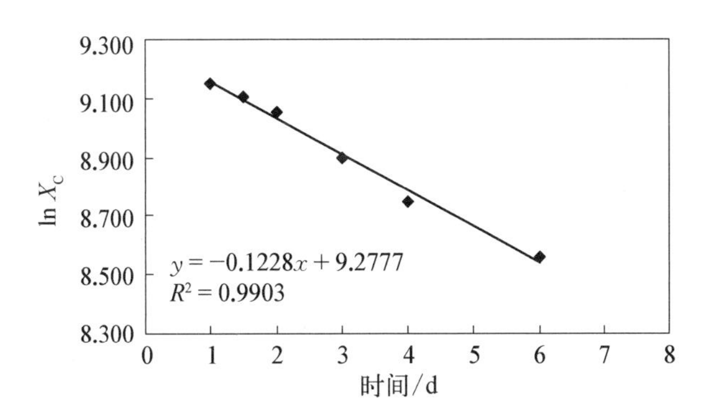

图 4-6　温度为 35℃时，$\ln X_C$ 与时间的关系曲线

将试验中得到的水解速率常数 k_h 同其他研究者得到的 k_h 相比较，发现多数情况下，数值比较接近或者数量级类似。比如，10℃、20℃和 35℃时，Ferreiro 和 Soto 采用初沉污泥进行发酵产酸研究，污泥未进行 pH 调理，得到的 k_h 值分别为 0.038 d^{-1}、0.095 d^{-1} 和 0.169 d^{-1}[40]；Moser-Engeler 等采用 60%的初沉污泥和 40%的剩余污泥进行厌氧发酵产酸研究，10℃和 20℃时，k_h 值分别为 0.047 d^{-1}和 0.152 d^{-1}[39]。本试验得到的 k_h 值在 10℃、20℃和 35℃时，分别为 0.006 2 d^{-1}、0.021 8 d^{-1}和 0.122 8 d^{-1}。可见 20℃～35℃范围内，调节 pH 值为 10.0 的条件下，剩余污泥的水解速率常数 k_h 与初沉污泥或初沉和剩余污泥的混合污泥的 k_h 值数量级类似，只是绝对量小于文献的研究结果。但是，10℃时，本试验得到的 k_h 值较小，几乎与文献报道的结果相差 1 个数量级，原因可能是单一的剩余污泥的水解速率要小于初沉污泥或混合污泥，温度越低影响越大。

总结图 4-3—图 4-6 中得到的水解速率常数，可以得到此条件下，剩余污泥的水解速率方程式为与初始颗粒性 COD 浓度有关的一级动力学方程，即：

$$-r_h = -k_h X_C \tag{4-15}$$

其中，$T = 10℃$，$k_h = 0.0062\,d^{-1}$；$T = 20℃$，$k_h = 0.0218\,d^{-1}$；$T = 30℃$，$k_h = 0.082\,d^{-1}$；$T = 35℃$，$k_h = 0.1228\,d^{-1}$。

从上面的分析可以看出，在一定温度下，水解速率方程中的速率常数 k_h 为定值，温度改变 k_h 随之改变。在化学反应动力学中，温度对反应速率 k 的影响主要由范特荷甫（Van't Hoff J. H.）经验规则和阿累尼乌斯经验方程式确定[135]。那么，剩余污泥生化水解反应的 k_h 值是否符合这些规律呢？

1884 年，范特荷甫根据多次实验结果总结出经验规则：温度每升高 10℃，反应速率增至 2～4 倍，即

$$\frac{k_{t+10}}{k_t} \approx 2 \sim 4 \tag{4-16}$$

式中　k_t——t℃时的速率常数；

k_{t+10}——$(t+10)$℃的速率常数。

将根据图 4-3—图 4-6 得到的水解速率常数 k_h 之间的比值列于表 4-6 中，可以看出剩余污泥的生化水解反应基本上符合范特荷甫经验规则。

表 4-6　剩余污泥水解速率常数 k_h 的比值

t/℃	10	20	30	35
k_h	0.006 2	0.021 8	0.082	0.122 8
比值	$\frac{k_{20}}{k_{10}} \approx 3.5$	$\frac{k_{30}}{k_{20}} \approx 3.8$	$\frac{k_{35}}{k_{30}} \approx 1.5$	

1889 年，阿累尼乌斯经验方程式提出了表示速率常数 k 与温度的经验关系式：

$$k = A\exp\left(\frac{-E_a}{RT}\right) \tag{4-17}$$

式中　k——速率常数；

A——指前英子，与温度无关的常数，单位同 k；

E_a——阿氏活化能或表观活化能，kJ/mol 或 kcal/mol；

R——摩尔气体常数，R=8.314 J/(mol·K)或 1.987 2 cal/(mol·K)；

T——绝对温度，K，$K = 273 + t$℃。

对式(4-17)两边取对数，得

$$\ln k = -\frac{E_a}{R} \cdot \frac{1}{T} + \ln A \tag{4-18}$$

由上式可以看出，以剩余污泥的水解速率常数 k_h 的自然对数对 $\frac{1}{T}$ 作图，如果得到一直线的话，说明其符合阿累尼乌斯经验方程式，然后根据直线的斜率和截距可以求出 E_a 和 A。

由图 4-3—图 4-6 得到的 k_h，求出相应的 $\ln k_h$ 及 $\frac{1}{T}$ 列于表 4-7 中。

表 4-7　不同温度下剩余污泥的 $\ln k_h$ 与 $\frac{1}{T}$ 的数值

t/℃	10	20	30	35
$\frac{1}{T}\times10^3$/K^{-1}	3.533 6	3.413 0	3.300 3	3.246 8
k_h	0.006 2	0.021 8	0.082	0.122 8
$-\ln k_h$	5.083 2	3.825 9	2.501 0	2.097 2

由表 4-7 中数据作 $\ln k_h$ 与 $\frac{1}{T}$ 的关系图，如图 4-7 所示。从图中可以看出，$\ln k_h$ 与 $\frac{1}{T}$ 有较好的线性相关性，相关系数 R^2 在 0.99 以上，即说明剩余污泥厌氧水解的水解速率常数与温度的关系符合阿累尼乌斯经验方程式。

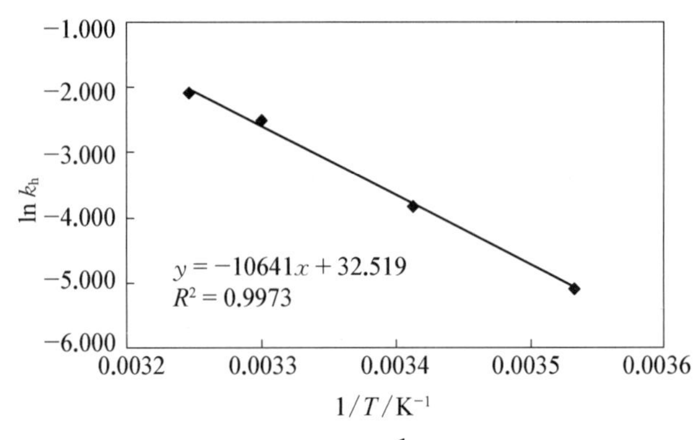

图 4-7　$\ln k_h$ 与 $\frac{1}{T}$ 的关系图

将此线性方程的斜率值代入式(4-18)中，得到

$$E_a = 10\,641 \times R = 10\,641 \times 8.314 = 88.47(\text{kJ/mol}) \quad (4-19)$$

根据反应动力学的原理，一般化学反应的 E_a 在 40～400 kJ/mol，加入催化剂后反应的 $E_a \approx 60 \sim 120$ kJ/mol[37]。可见，本试验条件下剩余污泥的厌氧

水解生化反应的 E_a 值属于后者，可能属于生化催化反应类型。

同理，将线性方程的截距代入式(4-18)中，得到 $\ln A = 32.519$，从而算得

$$A = \exp(32.519) = 1.3 \times 10^{14}(\mathrm{d}^{-1}) \tag{4-20}$$

因此，式(4-17)为

$$k_{h,T} = 1.3 \times 10^{14}\exp\left(\frac{-10\,641}{T}\right) \tag{4-21}$$

由表 4-7 还可以作出 $(\ln k_{h,T} - \ln k_{h,T_0})$ 与 $(T - T_0)$ 的关系图，如图 4-8所示，试验中温度为 10℃时，即 $T_0 = 273 + t_0$℃ $= 273 + 10$℃ $=283$℃。

对图 4-8 中的曲线进行线性回归，可以得到较好的线性相关性，相关系数 R^2 为 0.99 以上，斜率为与温度有关的系数 $\Theta = 0.123\,4$℃$^{-1}$，从而得到

$$\begin{aligned}\ln k_{h,T} &= \ln k_{h,283} + \Theta(T - T_0) \\ &= \ln k_{h,283} + 0.123\,4(T - T_0)\end{aligned} \tag{4-22}$$

根据 $k_{h,283} = 0.006\,2\mathrm{d}^{-1}$，进一步简化式(4-22)为

$$k_{h,T} = 0.006\,2 \cdot \exp[0.123\,4(T - 283)] \tag{4-23}$$

此外，不同温度下得到的 $\ln X_C$ 与反应时间 t 的直线方程中，按照反应

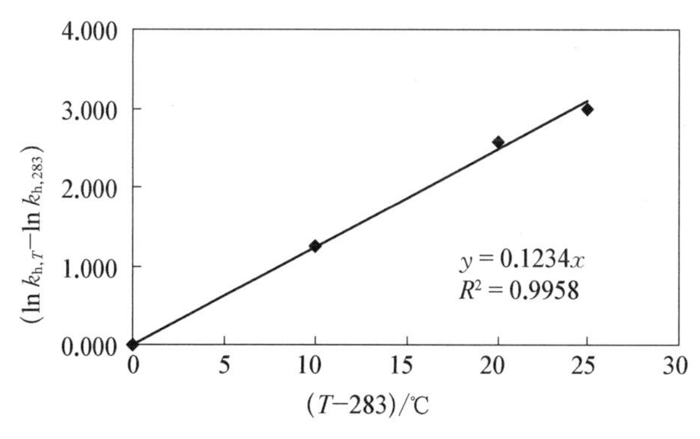

图 4-8　$(\ln k_{h,T} - \ln k_{h,T_0})$ 与 $(T - T_0)$ 的关系图

动力学的原理，除去斜率为$-k_h$外，截距b应为$\ln X_{C0}$，但是从表4-2—表4-5中得到的$\ln X_{C0}\approx 9.5000$，与图4-3—图4-6中直线的截距虽然接近但是有一定差距，因此需要对水解动力学方程作某些修正。

根据式(4-14)，有下式成立：

$$\begin{aligned} X_C &= \exp(-k_h+b)=\exp(b)\cdot\exp(-k_h) \\ &= B\exp(-k_h) \end{aligned} \tag{4-24}$$

式中B为由直线回归方程的截距b算得的数值，单位同X_C(mg/L)。表4-8为$X_{C0}=13\,366$ mg/L，pH为10.0的条件下，温度在10～35℃范围内的直线回归方程的B值。

从表4-8可以看出，不同温度下对应的B值有些差距，求其平均值$\bar{B}$为10 064 mg/L左右，约为$0.753X_{C0}$，所以得到pH调为10.0的条件下，10℃～35℃时，在0<反应时间$(t)\leqslant t_{cmax}$的范围内，

$$X_C(t)=0.753X_{C0}\exp(-k_h t) \tag{4-25}$$

结合式(4-10)，得到剩余污泥的有关S_C的水解动力学方程为：

$$S_C(t)=T_{C0}-0.753(T_{C0}-S_{C0})\exp(-k_h t) \tag{4-26}$$

式中，S_{C0}为初始的SCOD，是T_{C0}的0.3%左右，然后结合式(4-23)可以得到：

$$S_C(t)=T_{C0}-0.751\cdot T_{C0}\exp\{-0.006\,2\exp[0.123\,4(T-283)]t\} \tag{4-27}$$

表4-8　不同温度下的直线回归方程对应的截距和B值

温度/℃	直线回归方程	截距b	$B/(\text{mg}\cdot\text{L}^{-1})$
10	$\ln X_C=-0.006\,2t+9.269\,1$	9.269 1	10 605
20	$\ln X_C=-0.021\,8t+9.074\,4$	9.074 4	8 729
30	$\ln X_C=-0.08\,2t+9.232\,4$	9.232 4	10 223
35	$\ln X_C=-0.122\,8t+9.277\,7$	9.277 7	10 697

4. 水解模型的验证与不足

根据式(4-27)计算出反应时间 t($t \leqslant 6$ d) 时的 S_C值,然后与间歇式反应器中实际测定的 S_C 值进行比较,从而对水解模型进行验证,结果见表 4-9 与图 4-9。

表 4-9　S_C的计算值与实测值的比较(10~35℃,$t \leqslant 6$ d)

温度/℃	10	20	30				35					
反应时间 t/d	4	4	1	2	4	5	1	1.5	2	3	4	6
S_C实测值/(mg·L^{-1})	3 189	5 584	3 398	4 575	5 807	7 149	3 991	4 427	4 863	6 071	7 108	8 178
S_C计算值/(mg·L^{-1})	3 585	4 161	4 049	4 709	5 893	6 423	4 615	5 191	5 730	6 703	7 553	8 943

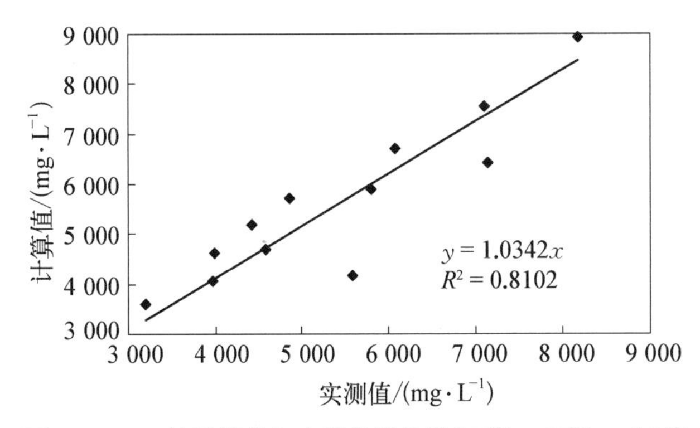

图 4-9　S_C 的计算值与实测值的比较(10℃~35℃,$t \leqslant 6$ d)

从表 4-9 和图 4-9 可以看出,S_C的实测值与计算值之间吻合情况较好,虽然存在一定范围内的误差,但是从实际应用的角度考虑,仍然是可行的。

在 10℃~35℃温度范围内得到的水解模型有许多不足的地方,主要表现在:

(1) 在一定的反应时间范围内式(4-25)—式(4-27)才能成立。前已述及,反应时间 t 的上限为达到 X_C最大转化率的时间,其随着温度的不同而有所不同，由于试验条件下，X_C的最大转化率近似为 60%左右，所以可以近似求得 t_{cmax}；反应时间 t 的下限并不是 0，可能由于水解前期 X_C的降解速率变化与时间的关系不是一级线性关系，许多研究者得到类似的结论，比如，Chiu 等对剩余污泥采用碱性预处理，得到 2h 内 X_C的降解速率与时间的关系并不是幂函数型，而是级数型，见式(4-28)所示，随后 X_C与时间的关系为一级动力学方程[59]。尽管如此，但是由于试验的目的是为了得到较大的 S_C产率或者较高的 X_C转化率，需要发酵时间较长，所以用式(4-25)—式(4-27)来计算 S_C或 X_C基本上是可行的。

$$\frac{dX_C}{dt} = a_1 + 2a_2 t + 3a_3 t^2 \tag{4-28}$$

(2) 此水解经验模式是在 pH10.0 的条件下得到的，是不是适合于其他 pH 值范围呢？图 4-10(a)—图 4.10(h)为 20℃时，不同 pH 条件下 $\ln X_C$与反应时间的关系。从图中可以看出，除去 pH 调为 7.0 的情况，其他 pH 值条件下，X_C的降解速率方程为一级动力学方程；回归的一级动力学方程中，速率常数不同，其中碱性条件下的速率常数大于酸性条件；pH 调为 6.0 时的速率常数为最低，说明此时 X_C的降解速率较慢，即 S_C的产率较低；pH 为 4.0、5.0 时，速率常数与 pH 不调比较接近；pH 值为 8.0 与 9.0 时的速率常数近似相同，说明 pH 控制为 8.0 或 9.0 时能够在相同的时间内得到近似相同的 X_C转化率；pH 为11.0时，速率常数与 pH10.0 为同一数量级，且数值较接近，说明 pH 控制为较强碱性10.0或11.0时，能够在相同的水解时间内得到大致相同的 X_C转化率。

经过这些分析，说明在温度和污泥浓度不变的情况下，pH 也是影响水解速率常数的因素，碱性越强特别是达到 10.0 或 10.0 以上时，速率常数越大，亦即 X_C的降解速率或 S_C的生成速率越快，原因可能是酸性条件下易于生成甲烷等气体产物，根据厌氧消化的原理，甲烷菌的适宜 pH 范围为

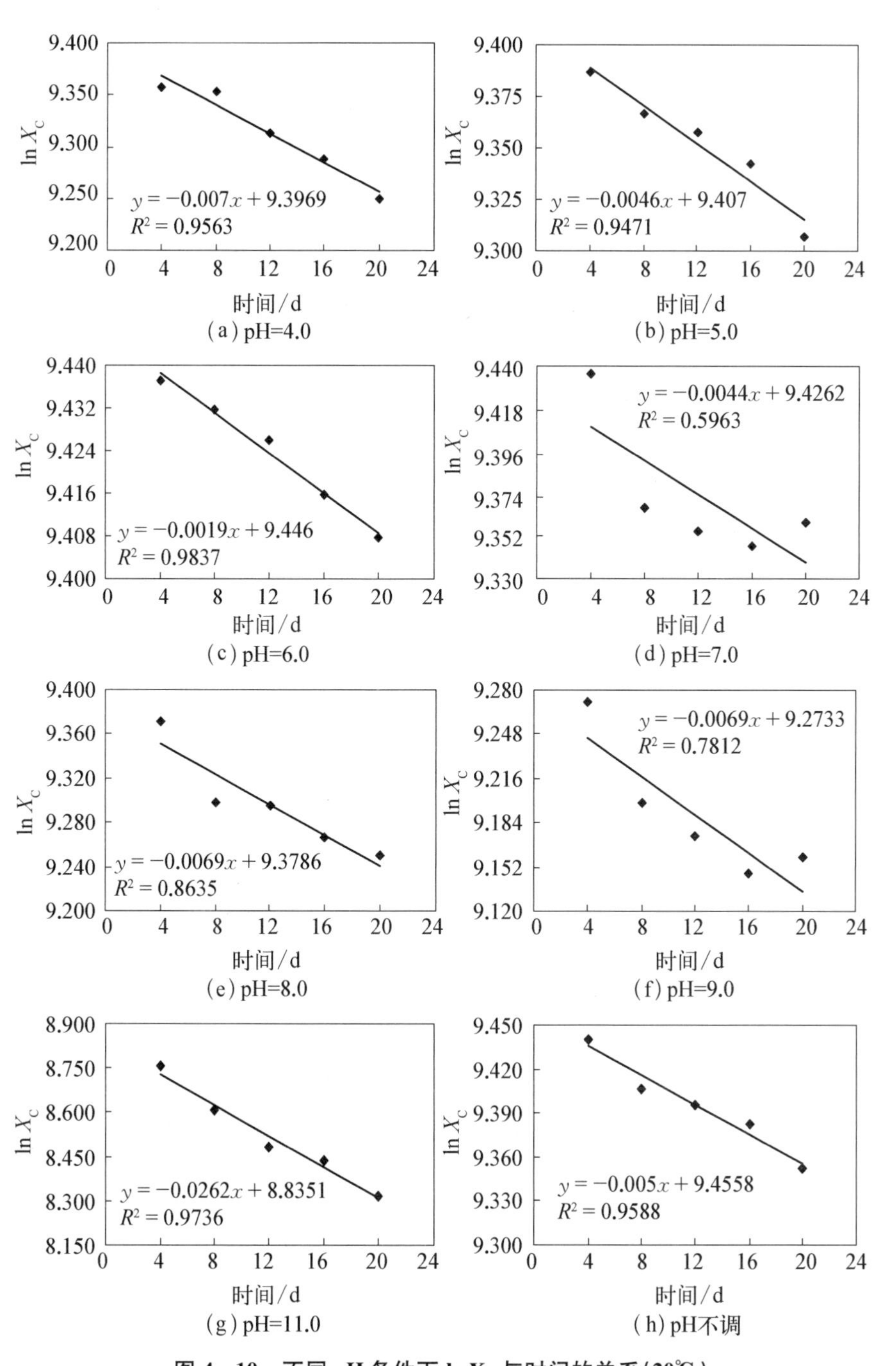

图 4－10　不同 pH 条件下 lnX_C 与时间的关系(20℃)

6.5～7.2[138]，从而在pH6.0和7.0时，S_C的消耗速率较大，特别是pH7.0时，X_C的降解速率不再是一级动力学方程，与时间的关系较难模拟。另外，剩余污泥中复杂有机物的降解过程是一个相对复杂的催化反应，加入NaOH或HCl调节pH时，改变了某些物质的等电点，进而使催化反应的活化能发生改变，从而速率常数也随着改变。这充分说明试验得到的水解模式有一定的局限性，但是根据第3章的研究内容，pH长期或短期调为10.0是较优的工艺条件，为了得到较高的SCOD等水解产物，采用此经验模式仍是可行的。

5. 水解模型的应用

利用式(4-25)，结合式(4-12)，然后代入间歇式反应器的关键组分转化率计算公式(4-8)中，可以得到对应一定转化率的反应时间。

比如，本试验条件下，pH值为10.0时，X_C的转化率为x，从而

$$t=\int_{C_{A0}}^{C_{Af}}\frac{dC_A}{r_A}=\int_{0.753X_{C0}}^{(1-x)X_{C0}}\frac{dX_C}{-k_h X_C}=-\frac{1}{k_h}\cdot\ln\frac{1-x}{0.753} \qquad (4-29)$$

利用式(4-29)，就可得到不同温度下和不同转化率对应的反应时间，见表4-10。

表4-10 间歇式反应器中一定的X_C转化率(x_C)对应的反应时间(t)

x_C/%	60				50				30			
温度/℃	10	20	30	35	10	20	30	35	10	20	30	35
t/d	102	29	7.7	5.2	66	18.8	5.0	3.3	11.8	3.3	0.9	0.6

从表4-10可以看出，在间歇式反应器中，利用式(4-29)计算出的达到试验条件下的X_C最大转化率(近似为60%)时，温度越低反应时间越长，其中20℃、30℃、35℃时的反应时间分别为29 d、7.7 d、5.2 d，与实际测定的值20 d、8 d、6 d较接近，进一步说明了水解模型的合理性；当转化率为初

始 X_{C0} 的一半(50%)时,10℃时仍然需要水解较长的时间,20℃时 20 d 内可以达到,而 30℃～35℃时消耗时间较短,小于 5 d 就可以达到;当转化率为最大转化率的一半(30%)时,30℃～35℃下,1 d 之内就可以达到,20℃时需要3 d左右时间,10℃时将近反应 12 d 左右才能达到。如果忽略其他宏观影响因素,将此模式应用到实际中时,说明在冬季低温下运行时,即使反应时间延长为 10 d 左右,X_C 至多转化 30%左右;如果采用 8 d 的反应时间,在20℃～35℃时,X_C 的转化率为 40%～60%。

利用间歇式反应器得到的水解模式同样适应于其他类型的反应器,比如连续流或者半间歇式反应器,只是物料衡算等式和反应时间的概念等有些变化,物料衡算等式的变化见式(4-9),至于反应时间的概念变化在连续流反应器中,其 SRT 类似于间歇式反应器的反应时间,当没有污泥回流装置时,$HRT=SRT$,因此,利用此经验模式可以得到不同反应时间对应的目的物质的产率或关键组分的转化率。

4.2.3　产酸动力学方程

1. 模型的建立

污泥发酵产酸的过程相对于水解过程更加复杂,属于微生物引起的可溶性物质的胞内消化过程。污泥中的碳水化合物、蛋白质、脂类等复杂有机物被微生物细胞吸收利用,其将复杂有机物降解成各种简单物质,包括有机酸和 CO_2、H_2 等,以获取能量用于生长繁殖。由于碳水化合物和蛋白质等复杂有机物的降解过程不同,而且城市污水厂的初沉污泥或剩余污泥中的碳水化合物和蛋白质等物质又有很多种,每一种物质的降解产酸过程也不相同,所以要确切地模拟整个产酸过程有些困难,可以对其进行某些简化,以提高产酸工艺的实用性。

多数研究者认为污泥发酵产酸过程中,水解速率为限速步骤。比如,在本书第 1 章引言中提到的 Eastman 和 Ferguson、Lilley 等、Moser-

Engeler 等采用初沉污泥或初沉污泥和剩余污泥的混合污泥进行厌氧发酵产酸，研究得出颗粒有机物质水解为溶解性物质是厌氧消化产酸阶段的限速步骤[34,35,84]。Moser-Engeler 等还提出了产酸速率和产量的计算公式，见式(1-6)和式(1-10)所示。

本书利用式(1-6)和式(1-10)对剩余污泥的厌氧发酵产酸过程(pH10.0，10℃～35℃)进行计算，同时针对本试验采用的剩余污泥的性质，作如下假定：

(1) 剩余污泥中脂肪和油脂含量较小(为 TCOD 的 1%左右)，其产酸过程可以忽略；

(2) 剩余污泥中的碳水化合物、蛋白质物质是主要的发酵产酸基质，其含量大约占 TCOD 的 72%；

(3) 颗粒性 COD 转化为 SCOD，才能被生物有效利用，本试验条件下 TCOD 转化为 SCOD 的最大转化率为 60%左右，可以认为总碳水化合物和总蛋白质物质转化为相应的溶解性物质的最大转化率也近似为 60%左右。

根据以上假定，参照式(1-6)，总 VFAs 的生成速率可以写作：

$$r_a = -r_h = k_h X_A \tag{4-30}$$

式中 r_a——剩余污泥发酵产酸速率，mgCOD/(L·d)；

k_h——水解速率常数，d^{-1}；

X_A——剩余污泥中可发酵产酸的最大颗粒性 COD。

参照式(4-10)，反应时间 t 时的总 VFAs 产生量可以写作：

$$S_A(t) = X_{A0} - X_A(t) \tag{4-31}$$

式中，X_{A0}为剩余污泥中可发酵产酸的初始最大颗粒性 COD，其值近似等于式(4-32)，$X_A(t)$ 为可发酵产酸的最大颗粒性 COD 随时间的变化，参照式(4-25)，可以表示为如式(4-33)所示：

$$X_{A0} = 0.6 \times 0.72 \times T_{C0} = 0.432 T_{C0} \tag{4-32}$$

$$X_A(t) = 0.753 X_{A0} \exp(-k_h t) \tag{4-33}$$

将式(4-32)、式(4-33)代入式(4-31)中，结合式(4-22)，得到：

$$S_A(t) = X_{A0} - 0.753 X_{A0} \exp\{-k_{hT_0} \exp[-\Theta_h (T_0 - T)] t\} \tag{4-34}$$

结合式(4-23)，从而式(4-34)为：

$$S_A(t) = 0.432 T_{C0} - 0.325 T_{C0} \exp\{-0.0062 \exp[0.1234(T - 283)] t\} \tag{4-35}$$

单个酸所占总酸的比例中，在达到最大产量之前的发酵时间内，乙酸的平均含量为47%左右；丙酸的平均含量为14%左右；异戊酸16%左右；异丁酸、正丁酸为9%左右；正戊酸含量较低2%左右。根据式(4-35)可以近似算得单个有机酸的产量。

2. 模型的验证与不足

根据前面水解动力学的分析，可知不同温度下，达到 X_C 最大转化率的时间不相同，10℃～20℃时，为20 d左右；30℃时，为8 d左右；35℃时，为6 d左右。那么，根据水解动力学得到的产酸动力学也在达到 X_C 最大转化率的时间的时间内是可行的。

图4-11为10℃～35℃时，反应时间为6 d之内的根据式(4-35)计算的 S_A 和实测值之间的验证。图4-12(a)—图4-12(d)是温度分别为10℃、20℃、30℃和35℃时，在相应的达到 X_C 最大转化率的时间范围内的根据式(4-35)计算的 S_A 和实测值之间的验证。从图4-11与图4-12中可以看出，实测值与计算值之间吻合情况较好，虽然存在一定范围内的误差，但是从实际应用的角度考虑，仍然是可行的。

产酸模式是在认为水解模式为限速步骤的基础上得出的，存在许多的

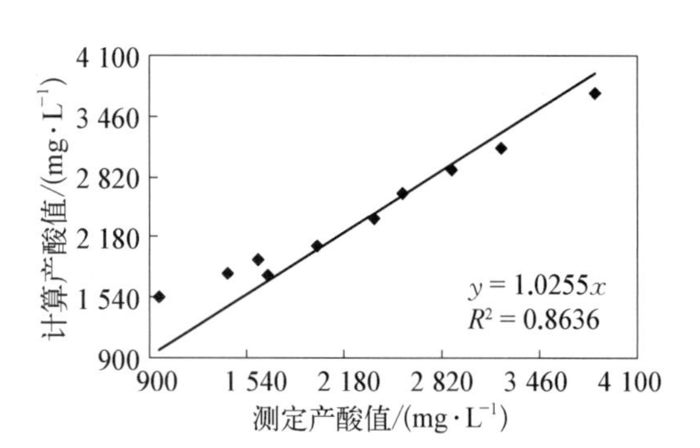

图 4-11　S_A的计算值与实测值的比较(10～35℃，$t\leqslant 6$ d)

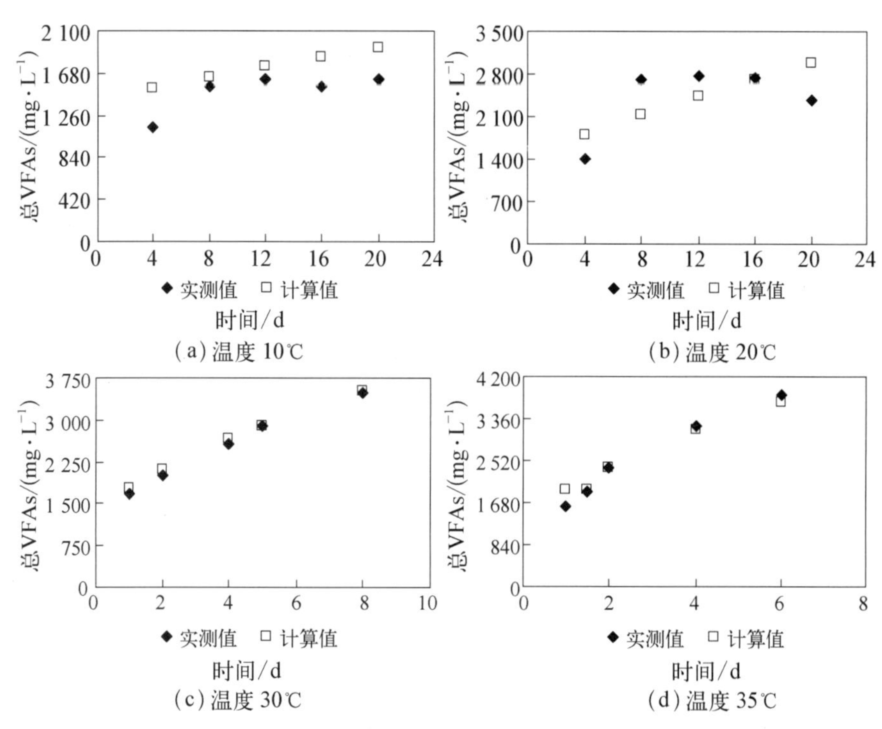

图 4-12　不同的温度与发酵时间下 S_A 的计算值与实测值的比较

不足，比如，根据前面第 3 章工艺研究内容可知，pH 值为 10.0，且温度约为 20℃时，总 VFAs 在发酵第 8 d 的值比较高，之后变化不大，从而认为发酵第 8 d 为本条件下的最佳产酸值，而根据此模式无法精确确定。但是，此经验模式结合工艺研究结果，仍然具有一定的实用性。

4.3 本章小结

将本试验中采用的反应器简化为理想型间歇槽式反应器，对其内部发生的剩余污泥的水解和产酸等生化过程进行动力学简单模拟，得到如下主要结论：

(1) 发酵时间不超过达到 X_C（颗粒性 COD）最大转化率的时间内，10℃～35℃内，pH10.0 的条件下，剩余污泥水解动力学遵循一级动力学方程。修正得到：

$$X_C(t) = 0.753X_{C0}\exp(-k_h t)$$

写成有关 SCOD 的水解动力学方程为

$$S_C(t) = T_{C0} - 0.753(T_{C0} - S_{C0})\exp(-k_h t)$$

式中，S_{C0}为初始的 SCOD，是初始总 COD（T_{C0}）的 0.3%左右，水解反应速率常数 k_h 与温度的关系为：

$$k_{h,T} = 0.0062 \cdot \exp[0.1234(T - 283)]$$

从而，

$$S_C(t) = T_{C0} - 0.751 \cdot T_{C0}\exp\{-0.0062\exp[0.1234(T - 283)]t\}$$

经过验证，在一定的条件下，计算值与测定值吻合较好。

(2) 水解反应速率常数 k_h是温度的函数，随着温度的升高而升高，温度对 k_h的影响符合范特荷甫经验规则和阿累尼乌斯经验方程式，算得温度升高 10℃，k_h增加到 3.5 倍左右，得到公式为：

$$k_h = 1.3 \times 10^{14} \exp\left(\frac{-10\,641}{T}\right)$$

阿氏活化能 E_a 约为 88 kJ/mol。

(3) 水解速率为剩余污泥产酸的限速步骤，而剩余污泥中可发酵产酸的初始最大颗粒性 COD 约占 43.2%，从而得到反应时间 t 的总 VFAs 量为

$$S_A(t) = 0.432T_{C0} - 0.325T_{C0}\exp\{-0.006\,2\exp[0.123\,4(T-283)]t\}$$

经验证，在一定的条件下，计算值与测定值吻合较好。

第5章

碱性条件增强剩余污泥厌氧发酵产酸的机理探讨*

在本研究中，发现剩余污泥的 pH 值调为碱性 8.0～11.0（最佳 pH 值为 10.0），VFAs 产生量大于 pH 调为酸性 4.0～7.0，这些结果与现有的文献中关于污泥（主要是初沉污泥或者初沉与剩余污泥的混合污泥）在酸性或近中性条件下获得较高的产酸量是不同的，因此有必要对剩余污泥在碱性条件下（特别是 pH 为 10.0 的情况）增强产酸的机理进行研究探讨。

污泥的水解酸化过程是比较复杂的过程，要想从微观角度确切地详细了解产酸过程有些困难，但是可以从一些宏观的角度来探讨碱性条件增强产酸的原理，主要包括以下几个方面：

（1）有些研究者对剩余污泥进行碱性预处理或者调节污泥的 pH 值为 8.0 以上，可以得到较高的 SCOD，但是对产酸的过程没有进行研究，其认为碱性调理主要是一种化学手段，那么，本试验中碱性条件增强剩余污泥发酵产酸的过程是化学水解酸化作用占主导，还是生物作用占主导？

（2）根据污泥厌氧发酵的机理，污泥中复杂有机物的转化主要包括三

* 本章部分内容发表在 *Environmental Science and Technology*，2006，40(7)。

个阶段：水解、酸化和甲烷化。这三个阶段有些类似于化学的连串反应，因此，为了获得较高的产酸量，可以从两方面考虑：其一为提高水解速率以产生较多的溶解性产酸基质；其二为减少或阻止甲烷生物的活性，即甲烷的产生量要少。那么本试验中，碱性条件下产酸的溶解性基质是否高于酸性条件呢？其气体的产生量(特别是甲烷)是不是相对较少呢？

(3) 污泥产酸基质中，碳水化合物、蛋白质、脂类物质是主要的组成成分，那么本试验条件下的剩余污泥中哪些物质占主导呢？这些占主导的物质中，哪种物质在碱性条件下起主要的产酸作用呢？或者以何种方式起主导作用呢？

下文将对这些问题进行一一探讨。

5.1 灭菌试验与酶活性比较

选用 6 个 500 mL 耐热的玻璃锥形瓶，其中 3 个中的剩余污泥按照 Aravinthan 等采用的对剩余污泥灭菌的方法进行灭菌[139]，即在 121℃ 用高压蒸汽灭菌锅灭菌 20 min。灭菌之后，用 2M HCl 和 2M NaOH 调节污泥的 pH 值为 5.0、10.0 和不调(表示为 mpH=5.0，mpH=10.0 和 mpH 不调)，然后每隔一定时间调节 pH 值，以保证 pH 变化在 0.5 之内，取样测定其 VFAs 值，pH 调节和取样过程均在灭菌超净工作台上进行，以免操作过程中细菌的感染。另外 3 个锥形瓶中的剩余污泥没有灭菌，pH 调为 5.0、10.0 和不调，相隔与灭菌污泥相同的时间进行取样分析，对结果进行比较分析。为了使剩余污泥在厌氧发酵过程中的混合均匀，所有的玻璃锥形瓶放置在摇床上以 120 r/min、温度 20℃ 左右摇晃。剩余污泥的性质同表 3-1。

比较分析测试了在灭菌与不灭菌的情况下，剩余污泥的 pH 调为 10.0

时的酶的活性，主要测定了四种酶：碱性磷酸酶、酸性磷酸酶、α-葡萄糖苷酶和蛋白酶，都为胞外酶，测定的方法见 2.3.4 节的介绍。

图 5-1 是 pH 为 5.0、10.0 和不调的情况下，灭菌和没有灭菌的剩余污泥发酵产生的总 VFAs 的比较。从图中可以看出，灭菌的情况下，无论 pH 调为酸性 5.0 还是碱性 10.0 还是不调，在 20 d 的厌氧发酵时间内，几乎没有 VFAs 的生成，即使测出一小部分，也可以忽略不计，也许是在操作的过程中难免存在细菌的感染而造成的；没有灭菌的情况下，明显有 VFAs 的生成，pH 调为酸性 5.0 和碱性 10.0 大于不调的情况，而且 pH10.0 时产酸量最高。

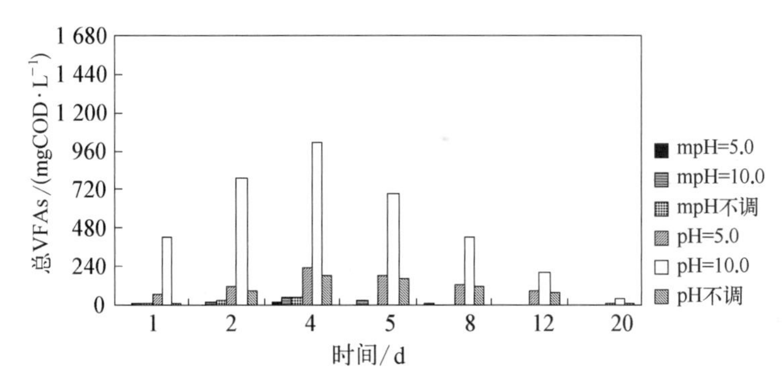

图 5-1　pH5.0、10.0 和不调条件下灭菌和不灭菌剩余污泥发酵产生的总 VFAs 的比较

从图 5-1 还可以看出，没有灭菌的情况下，pH10.0 时的总 VFAs 产量在厌氧发酵的第 4 d 达到最大值，随后产酸值逐渐减小，这与 3.2.2 节中介绍的摇床混合试验结果类似。

表 5-1 为 pH10.0 的条件下，灭菌和没有灭菌的剩余污泥发酵第 4 d 时的总 VFAs 和四种酶活性的比较。从表中可以看出，没有灭菌的总 VFAs 产量远大于灭菌污泥的情况（分别为 1 010.81 mg COD/L 与 45.87 mg COD/L），而且四种酶在没有灭菌的情况下具有活性，但是当剩余污泥灭菌后，四种酶失去了活性。

表 5-1　pH10.0 时灭菌与没有灭菌的剩余污泥发酵第 4 d 时的总 VFAs 产量和酶活性的对比

	总 VFAs/($mgCOD \cdot L^{-1}$)	酶　活　性			
		碱性磷酸酶	酸性磷酸酶	α-葡萄糖苷酶	蛋白酶
没有灭菌污泥	1 010.81	9.21	59.84	3.70	0.02
灭菌污泥	45.87	0	0	0	0

注：蛋白酶活性的单位为 Δabs/(mL·h)，其他酶活性的单位为 μg 对硝基苯酚/(mL·h)。

经过上面的分析对比可以得知，虽然这些试验结果与机械式搅拌情况下的第 8 d 达到产酸最大值的结果有些出入，但是仍然可以说明将剩余污泥的 pH 调为碱性 10.0 的情况下，厌氧发酵产酸的过程主要由微生物的活性引起的。

5.2　产酸基质的比较

5.2.1　混合碳源的试验结果

试验采用的剩余污泥中不仅含有蛋白质、碳水化合物，还含有脂类、尿素等物质，可以认为是混合碳源基质。根据污泥厌氧发酵产酸的机理，这些复杂的混合碳源基质首先要水解为溶解性的较简单分子物质（比如单糖、氨基酸等物质），然后才能转化为有机酸物质。污泥的水解产物可以用 SCOD 的变化来表示[13]。图 5-2 为不同 pH 条件下，剩余污泥厌氧发酵 8 d时的 SCOD 产量变化（根据第 3 章 3.3 节的试验结果所作）。从图中可以看出，碱性条件下，特别是 pH 为 10.0 或 11.0 的条件下，SCOD 产量明显大于酸性或中性条件。可见，碱性条件下的剩余污泥的水解比酸性条件更加具有优势。

据研究报道，蛋白质、碳水化合物和脂类物质是城市污水处理厂污泥

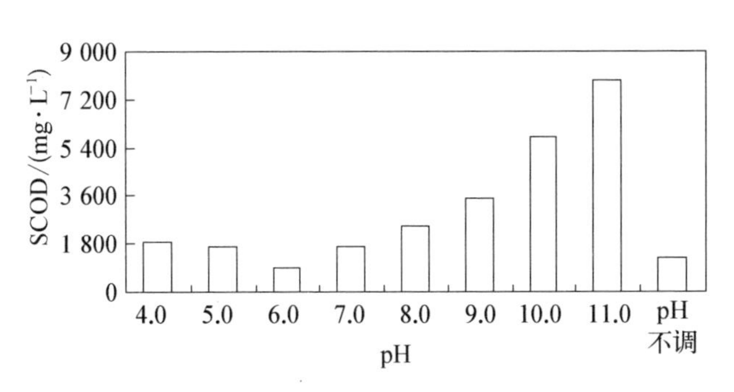

图 5-2　pH 对以 SCOD 的变化表示的剩余污泥水解过程的影响(发酵 8 d)

的主要成分[140]，而且 VFAs 的形成主要与这些有机化合物质的发酵有关[25]。本试验条件下，对采用的剩余污泥的性质经过反复测定，发现蛋白质物质占 TCOD 的 53%～61%，碳水化合物物质占 TCOD 的 11%～15%，而脂肪和油脂占 TCOD 的百分比较小，为 1%左右，未确定的物质占 TCOD 的 27%左右。可见，蛋白质物质为剩余污泥的最主要组成成分，脂类物质可以忽略不计。因此，进一步分析水解产物 SCOD 的变化可以集中在溶解性蛋白质和碳水化合物的分析上。

图 5-3 为溶解性蛋白质和碳水化合物随 pH 的变化(根据 3.3 节的发酵 8 d 的试验结果所作)。很明显，碱性条件下的溶解性蛋白质和碳水化合

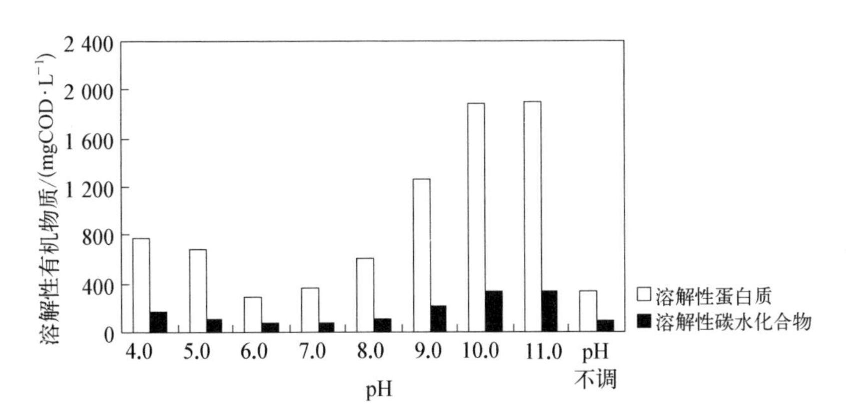

图 5-3　pH 对水相中的蛋白质和碳水化合物浓度的影响(剩余污泥发酵 8 d)

物的浓度高于酸性条件，而且溶解性蛋白质的浓度高于碳水化合物。这些结果在其他的发酵时间也可以获得，见 3.3.2 节的分析讨论。

总而言之，剩余污泥调为碱性比酸性条件提供了更多的可以转化为 VFAs 的溶解性蛋白质和碳水化合物物质。多数研究者得到了类似的结果[58,134,141]，其认为碱性处理是一种带有破坏性的方法：在极端较高的 pH 值时（比如 pH≥10.0），污泥颗粒细胞失去了部分活性，不能很好地维持平衡渗透压而受到破坏，碱性物质进入细胞悬浮液后，同细胞壁以不同方式发生反应，包括细胞壁上进行的脂类物质的皂化反应，其反应的结果可能造成细胞膜的溶解，pH 值越高破坏性越强，污泥颗粒细胞的破坏导致了胞内物质逐渐溶解出来（如 RNA、DNA 等物质）；另一方面，当污泥的 pH 值升高时，污泥颗粒细胞的表面带有的负电荷也渐渐升高，从而产生高的静电排斥作用，结果使部分胞外聚合物（ECP）解析出来，而 ECP 主要包括蛋白质和碳水化合物等物质。

5.2.2 唯一碳源的配水试验结果

为了进一步研究 VFAs 的生成是否直接与蛋白质与碳水化合物的消耗有关，采用蛋白质和碳水化合物作为唯一碳源进行配水试验。试验中采用 4 个同样的运行装置（同图 3－6），每个装置中加入仅为 100 mL 的少量剩余污泥[表 3－1 中的污泥经过稀释，VSS=（7 983±83）mg/L]，然后往 2 个装置中加入 1 L 的纯葡萄糖配置的溶液，pH 值分别调为 5.0 和 10.0[称为 G（pH5.0）和 G（pH10.0）]，测定的初始浓度分别约为283 mgCOD/L 和 989 mgCOD/L；另外 2 个装置中加入 1 L 的牛血清蛋白质配置的溶液，pH 值分别调为 5.0 和 10.0[称为 BSA（pH5.0）和 BSA（pH10.0）]，测定的初始浓度分别平均为 1 764 mgCOD/L 和 4 642 mgCOD/L左右。机械式搅拌器以 60～80 r/min 的速度搅拌，温度为（21±1）℃。这些初始浓度值的比例，即 G（pH5.0）：G（pH10.0）：

BSA(pH5.0)∶BSA(pH10.0)≈1∶3.5∶6.2∶16.4，近似于第 3.3.2 节中图 3－23 与图 3－24 中所示的剩余污泥发酵 8 d 时，在 pH5.0 与 pH10.0 溶出的碳水化合物和蛋白质的比例，亦即 108∶328∶691∶1 880≈1∶3.0∶6.4∶17.4。

图 5－4 为配制的蛋白质和碳水化合物溶液在 pH5.0 与 pH10.0 的条件下随发酵时间的变化。从图中可以看出，随着发酵时间的延长，蛋白质和碳水化合物浓度有所降低，表明污泥中的微生物对其有所消耗。除此之外，还可以看出无论在碱性 10.0 还是酸性 5.0 的条件下，碳水化合物的利用速率基本上大于蛋白质的利用速率，换句话说，蛋白质物质的水解比碳水化合物较滞后。

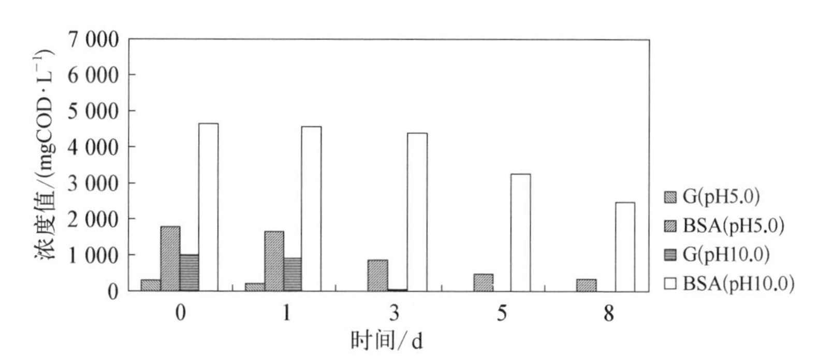

图 5－4　在 pH5.0 与 pH10.0 的条件下，葡萄糖(G)和牛血清蛋白质(BSA)浓度随发酵时间的变化

表 5－2 为 pH5.0 与 pH10.0 的条件下，配制的蛋白质和碳水化合物溶液形成的总 VFAs 值。从表中可以看出，牛血清蛋白质在 pH5.0 与 pH10.0 时的总 VFAs 产量高于纯葡萄糖的情况，而且无论基质为纯葡萄糖还是牛血清蛋白质，pH10.0 时的总 VFAs 产量高于 pH5.0。

总之，配水试验的结果显示 pH10.0 时的总 VFAs 产量与蛋白质和碳水化合物的消耗直接关联，且污泥中含量较高的蛋白质物质的发酵作用更加占有优势。

表 5-2 在 pH5.0 与 pH10.0 的条件下,配置的葡萄糖(G)和牛血清蛋白质(BSA)溶液产生的总 VFAs 的变化

基质	pH 值	初始值/(mgCOD·L^{-1})	在不同的发酵时间的总 VFAs 值/(mgCOD·L^{-1})			
			1 d	3 d	5 d	8 d
G	5.0	283	0	21.1	1.0	0
BSA	5.0	1 764	0	101.2	334.7	5.2
G	10.0	989	0	55.6	51.0	48.8
BSA	10.0	4 642	0	172.7	666.5	596.1

图 5-5—图 5-8 分别为 G(pH5.0)、G(pH10.0)、BSA(pH5.0)和 BSA(pH10.0)条件下单个 VFA 随发酵时间的变化。从这些图中可以看出,纯葡萄糖物质形成的单个 VFA 中,以乙酸为主,丙酸次之,还有少量的正丁酸,几乎没有异丁酸、异戊酸和正戊酸的生成;而牛血清蛋白质形成的单个 VFA 中,乙酸占主要优势,其次为异戊酸和异丁酸,异丁酸的含量小于异戊酸,丙酸和正丁酸的量相差不大,正戊酸的量很少,在牛血清蛋白质浓度较高且发酵时间较长时才有少量的正戊酸形成。

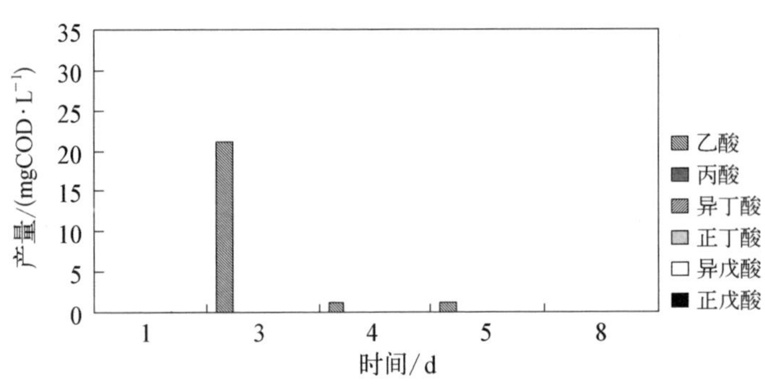

图 5-5 葡萄糖配水试验在 pH5.0 条件下[G(pH5.0)]的总 VFAs 产量变化

单个 VFA 的形成比较复杂,不仅与复杂有机物的性质有关,还与接种的少量污泥的性质、试验的条件等因素有关。虽然如此,仍然可以看出对于纯葡萄糖和牛血清蛋白质物质配置的溶液来说,乙酸为最占有优势的单

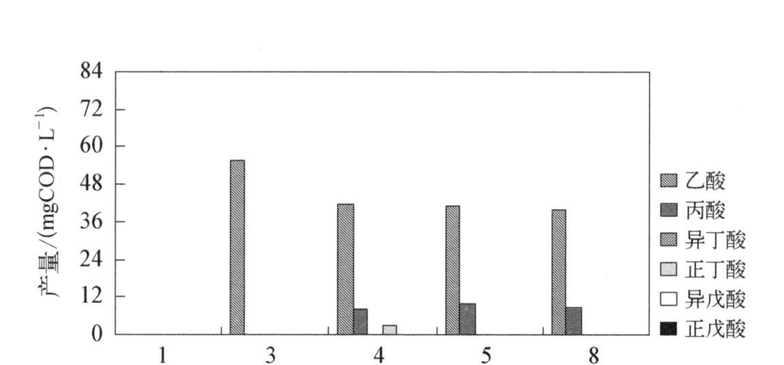

图 5-6　葡萄糖配水试验在 pH10.0 条件下[G(pH10.0)]的总 VFAs 产量变化

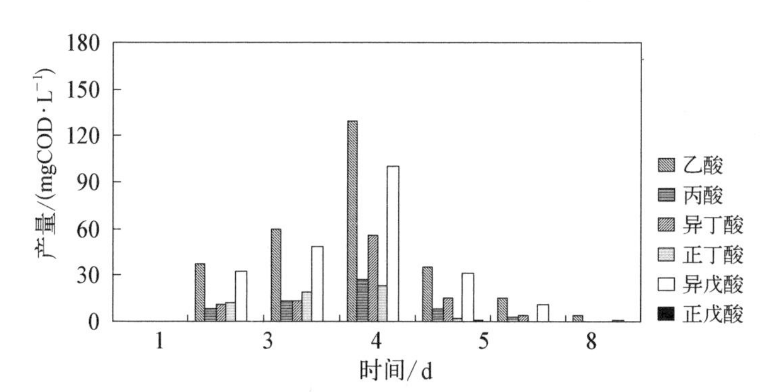

图 5-7　牛血清蛋白质配水试验在 pH5.0 条件下[BSA(pH5.0)]的总 VFAs 产量的变化

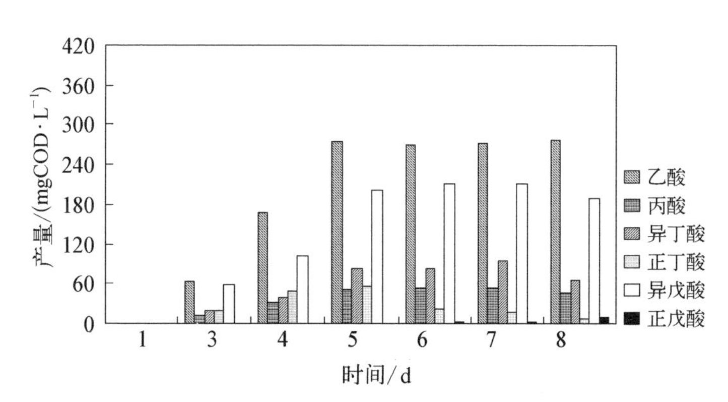

图 5-8　牛血清蛋白质配水试验在 pH10.0 条件下[BSA(pH10.0)]的总 VFAs 产量的变化

个 VFA;异丁酸、异戊酸、正戊酸的产量主要与蛋白质物质有关。许多研究者得到了类似的结果[42,46,142,143],其认为乙酸可以直接从碳水化合物和蛋白质物质的发酵得到,同时丙酸、异丁酸、正丁酸、异戊酸和正戊酸等大于 C_2 的有机酸都可以进一步转化为乙酸;丙酸、正丁酸主要是从碳水化合物的发酵获得;另外一些较高碳原子的有机酸,如异丁酸、正戊酸和异戊酸主要是由于蛋白质和脂类物质的发酵产生的,而非蛋白质物质发酵产生这三种有机酸的量很少,它们可以通过单个氨基酸的脱氨基作用或者两个氨基酸之间的氧化还原反应[称为 Stickland 反应,在 1.1 节中有所介绍,如式(1-1)所示]获得。

5.3 产气试验

前面已经提到,总 VFAs 产量的提高还可以采取降低或阻止 VFAs 转化为甲烷气体(CH_4)的方法。图 5-9 为不同 pH 条件下,CH_4 产量在剩余污泥发酵 8 d 的变化规律[温度(21±1)℃]。从图中可以看出,CH_4 产量在 pH(6.0～10.0)范围内呈线性递减,进行线性回归得到($y_{CH_4} = -4.34 \times pH + 42.91$, $R^2 = 0.96$);极端酸性 pH4.0 和极端碱性 pH10.0 和

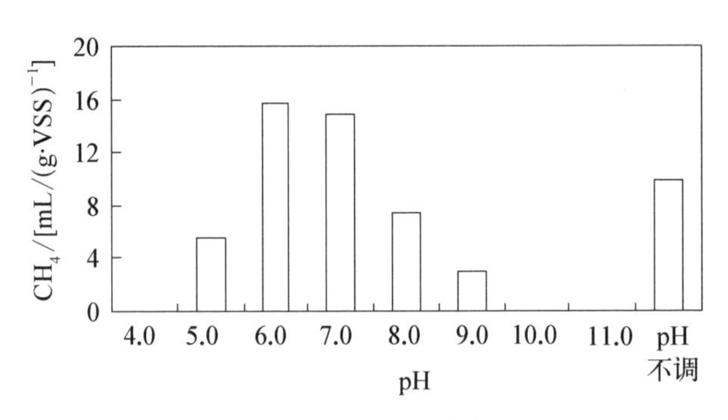

图 5-9 剩余污泥厌氧发酵第 8 d 时 pH 对甲烷(CH_4)产量的影响

pH11.0 条件下，没有 CH_4 的生成，在其他发酵时间内得到类似的结果（图中没有标出）。可见，在较高碱性 pH10.0 条件下，产甲烷菌的活性降低了，其他研究者也观察到了类似的结果[144]。因此，VFAs 的消耗较少，从另一个角度证明了 pH10.0 时的产酸量得到提高。

除此之外，试验中还测定了 CO_2、H_2 等气体的产量，如图 5-10 和图 5-11所示。从图 5-10 可以看出，除去极端强碱性 pH11.0 外，其他 pH 条件下，都有一定量的 CO_2 产生，只是在碱性 pH10.0 的条件下产量较少。从图 5-11 中可以看出，在强碱性 pH10.0 和 pH11.0 条件下，有少量的 H_2 产生，其他研究者也观察到了类似的结果[144]。可见，剩余污泥经过碱性处理或者调节 pH 为较强碱性(10.0 左右)，可以获得有利于 EBPR 过程的 VFAs 物质。

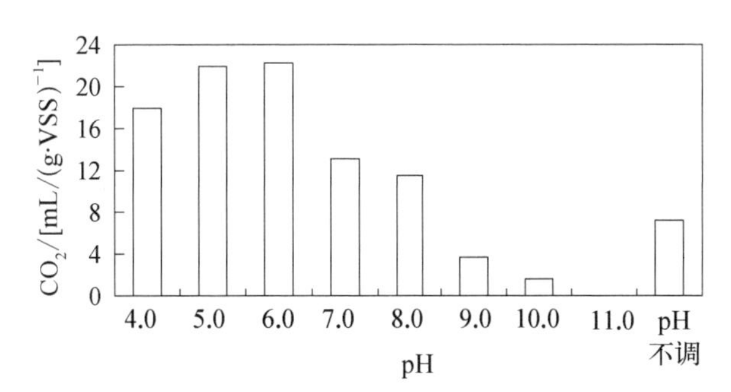

图 5-10　剩余污泥厌氧发酵第 8 d 时 pH 对 CO_2 产量的影响

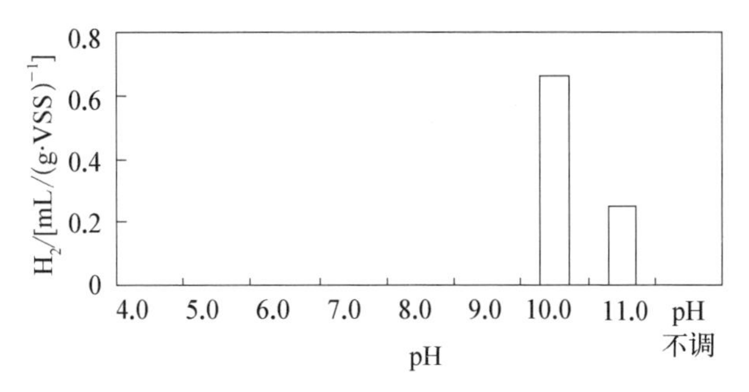

图 5-11　剩余污泥厌氧发酵第 8 d 时 pH 对 H_2 产量的影响

5.4 本章小结

本章从一些宏观的角度探讨了碱性条件增强剩余污泥发酵产酸的机理，主要结论如下：

(1) 通过将剩余污泥灭菌，调节 pH 为酸性 5.0 和碱性 10.0，然后与没有灭菌的进行比较分析，发现没有灭菌条件下产生的总 VFAs 量远远大于灭菌的污泥，而且没有灭菌的碱性 pH10.0 条件更加具有优势，同时发现灭菌污泥的碱性 pH10.0 时的四种胞外酶失去活性，而没有灭菌的污泥的四种胞外酶仍然具有一定的活性。这些试验结果说明本试验中，碱性条件增强剩余污泥发酵产酸的过程是生物作用占主导。

(2) 通过对比分析不同 pH 条件下的 SCOD 产量的变化，发现强碱性条件下(pH10.0)可以获得更多量的 SCOD；本试验采用的剩余污泥中蛋白质和碳水化合物物质占主要成分，SCOD 中溶解性的蛋白质和碳水化合物物质为主要成分，同样在强碱性条件下(pH10.0)可以获得更多量的溶解性蛋白质和碳水化合物。污泥的水解结果可以用 SCOD 值来表示，进一步可以用溶解性蛋白质和碳水化合物的量来表示，从而在碱性条件下(pH10.0)，可以获得更多量的产酸基质。

(3) 通过采用纯葡萄糖和牛血清蛋白质等物质进行配水试验，同时接种少量的剩余污泥，发现随着这些碳水化合物和蛋白质物质的消耗，有 VFAs 的生成，且含量较高的蛋白质物质对污泥的发酵产酸起主要作用。另外，分析了配水试验中单个 VFA 的产生，发现乙酸为最占有优势的单个 VFA，而非蛋白质物质发酵产生异丁酸、正戊酸和异戊酸等有机酸的量很少。

（4）通过对比分析不同pH条件下的CH_4产量的变化，发现强碱性条件下（pH10.0）没有CH_4的生成，说明总VFAs的消耗较少，从另一个角度证明了碱性条件增强了剩余污泥的发酵产酸。

第6章 结论与建议

6.1 结　　论

本课题选用城市污水处理厂的剩余污泥作为研究对象，重点研究了曝气条件、搅拌方式与速度、pH 控制策略的改变以及温度等因素对剩余污泥水解酸化过程的影响，并对碱性条件下水解酸化过程的动力学以及增强产酸量的机理进行了研究讨论，主要试验结论如下：

（1）在温度、搅拌速度和方式、污泥浓度等条件不变的情况下，pH 不进行调节，对剩余污泥在好氧和厌氧情况下的水解酸化结果进行对比分析，结果表明：随着发酵时间的延长，厌氧水解酸化明显利于 SCOD 和总 VFAs 的生成。

（2）在温度、污泥浓度等条件不变的情形下，pH 不进行调节，对不同的搅拌方式和速度对剩余污泥厌氧发酵的影响进行研究，结果表明：机械式搅拌比磁力搅拌和摇床混合更加容易实现颗粒间的充分高效接触；同时发现机械式搅拌速度太快或太慢也不利于 SCOD 和 VFAs 物质的生成，本试验条件下以 60～80 r/min 为较合适的搅拌速度。

（3）在温度、污泥浓度等条件不变的情形下，选择机械式搅拌方式，速度选取 60～80 r/min，研究 pH 的改变对剩余污泥厌氧水解酸化的影响，结果表明：

① 剩余污泥进行 pH 调节，能够实现 SCOD 值的大幅度增高，调为碱性的 SCOD 值明显高于调为酸性，特别是将污泥的 pH 调为 10.0 或 11.0 时，20 d的厌氧发酵时间内，可使 SCOD 值增加到 8 000 mg/L 和9 000 mg/L左右，占 BOD_{20} 的 60%～70%和 80%～100%，从而能够达到课题所要求的污泥中可生物降解有机物质有 80%左右以上转化为可溶性 COD。

② pH 调节为碱性 8.0～10.0 时，总 VFAs 产量明显大于 pH (4.0～7.0)，特别是 pH 为 10.0 时，发酵 12 d 得到最大值为2 770.40 mgCOD/L，且 8 d 左右的总 VFAs 值与之相差不大(2 708.02 mgCOD/L)，从节省时间等方面综合考虑，可以认为 pH10.0 时，发酵 8 d 的总 VFAs 值为较佳条件值，而 pH10.0 为本试验条件下的较佳条件产酸 pH 值。

③ 六种短链脂肪酸(乙酸、丙酸、异丁酸、正丁酸、异戊酸和正戊酸)的生成过程中，除去超强碱性 pH11.0 的条件，基本上是 pH 调为 8.0～10.0 时的单个 VFA 的产量大于 pH4.0～7.0 的情况，特别是 pH10.0 可以认为是单个 VFA 产量的优化 pH。六种酸中，乙酸为最具优势的有机酸，其次为丙酸异戊酸和异丁酸产量次之，正丁酸和正戊酸产量较少，其中正戊酸产量最少，乙酸和丙酸是增强生物除磷的有利基质，pH10.0 条件下，发酵 8 d时，乙、丙酸所占总 VFAs 的百分比之和为 60%～70%。

④ 较强碱性条件下，溶出的碳水化合物和蛋白质物质较多，溶解性碳水化合物和蛋白质物质和总 VFAs 是 SCOD 的主要成分，三者之和所占 SCOD 百分比也相应地是在发酵第 8 d 达到最大，约为 85%。

⑤ 试验中不可避免地存在 PO_4^{3-}—P 的溶出，但是碱性条件下由于沉淀的形成而有所减少，氨氮的溶出基本上也是酸性条件大于碱性条件。

(4) 在温度、污泥浓度等条件不变的情形下，厌氧环境下，选择机械式搅拌方式，速度选取 60～80 r/min，改变 pH 的调节时间，发现：pH 长、短期调为碱性 10.0 比酸性 5.0 和不调更加利于 SCOD、总 VFAs、单个 VFA、溶解性碳水化合物和蛋白质物质的生成，且在较短的发酵时间内(2～4 d)，pH 短期调为碱性 10.0 与长期调节时的 SCOD 值和总 VFAs 值比较接近，随后长期调节才占有优势。如果试验的目的是为了短期获得较高的 SCOD 和有机酸的产量，那么只对 pH 短期(1 d 左右)预调节为碱性 10.0 也是可行的。

(5) 将 pH 的调节方式和搅拌速度等因素联系起来，即 2h 内调节剩余污泥的 pH 为碱性 10.0 或酸性 5.0，同时辅以快速搅拌(410～430 r/min)作为预处理手段，然后恢复搅拌速度为 60～80 r/min，pH 再调为 6.0、7.0 和 8.0，发现：经过 2h 预调节 pH 为碱性 10.0，同时辅以快速搅拌的预处理手段处理后，pH 再调为 6.0、7.0 和 8.0 时，比其他的预处理手段条件下获得更多的 SCOD、总 VFAs、单个 VFA、溶解性碳水化合物和蛋白质物质等，同时溶出的 PO_4^{3-}—P 和氨氮浓度也较少。如果在避免装置的强酸碱腐蚀条件下，要求获得更多的 SCOD 和 VFAs 产量，那么对剩余污泥进行短期的强碱性(pH10.0)预处理，然后 pH 调为 6.0～8.0，可以得到比 pH 直接调为 8.0 时的更多的 SCOD 和总 VFAs 产量，另外，同时增加短期的快速搅拌预处理，效果将更加明显。

(6) 试验中采用的反应器可以简化为理想型间歇槽式反应器，pH10.0 的条件下，对剩余污泥的水解和产酸等生化过程进行动力学简单模拟，得到：10℃～35℃内，当发酵时间不超过达到 X_C(颗粒性 COD)最大转化率的时间时，剩余污泥水解动力学遵循一级动力学方程，经修正为：

$$X_C(t) = 0.753 X_{C0} \exp(-k_h t)$$

那么与 SCOD 有关的水解动力学方程可为：

$$S_C(t) = T_{C0} - 0.753(T_{C0} - S_{C0}) \exp(-k_h t)$$

式中，初始 SCOD(S_{C0})约为初始总 COD(T_{C0})的 0.3%。另外，温度对水解

反应速率常数 k_h 的影响符合范特荷甫经验规则和阿累尼乌斯经验方程式，阿氏活化能 E_a 约为 88 kJ/mol，k_h 与温度的关系可为：

$$k_{h,T} = 0.0062 \cdot \exp[0.1234(T-283)]$$

此时，

$$S_C(t) = T_{C0} - 0.751 \cdot T_{C0}\exp\{-0.0062\exp[0.1234(T-283)]t\}$$

水解速率为剩余污泥产酸的限速步骤，而剩余污泥中可发酵产酸的初始最大颗粒性 COD 约占 43.2%，从而得到反应时间 t 时的总 VFAs 量为：

$$S_A(t) = 0.432T_{C0} - 0.325T_{C0}\exp\{-0.0062\exp[0.1234(T-283)]t\}$$

经验证，在一定的条件下，SCOD、总 VFAs 产量的计算值与测定值吻合较好。

(7) 通过灭菌与没有灭菌的剩余污泥产酸的比较，发现灭菌时胞外酶失去了活性，而且产酸量极少，可以忽略不计，而不灭菌时产生的总 VFAs 量远远大于灭菌的情况，碱性 pH10.0 更加具有优势，同时四种胞外酶仍然具有一定的活性，说明碱性条件增强剩余污泥发酵产酸的过程是生物作用占主导。

(8) 通过纯葡萄糖和牛血清蛋白质等物质进行配水试验，同时接种少量的剩余污泥，发现 VFAs 的生成与碳水化合物和蛋白质物质的消耗直接关联，而且含量较高的蛋白质物质对污泥的发酵产酸起主要作用。前面的试验结果说明在碱性条件下(pH10.0)，可以获得更多量的溶解性蛋白质和碳水化合物，因而可以获得更多量的产酸基质，而且发现强碱性条件下(pH10.0)没有 CH_4 的生成，说明总 VFAs 的消耗较少，从另一个角度证明了碱性条件增强了剩余污泥发酵产酸过程。

(9) 本研究通过控制一定的环境条件和操作条件（曝气量、pH、搅拌方式与速度等），找到其优化条件（厌氧、机械式 60～80 r/min 搅拌、pH 调为

10.0 等)，使 60%左右的剩余污泥(TCOD)转化为生物可利用的 SCOD，同时有 45%左右的 SCOD 转化为 VFAs，这些产生的 SCOD 或 VFAs 可以用于提高生物营养物质(氮、磷)的去除效果。显然，剩余污泥经过这样的处理，既能产生 ENR 过程所需的有利基质，又可减少剩余污泥对环境的污染，从而丰富了生物脱氮除磷和污泥处理与资源化等理论基础研究内容，同时针对于中国南方许多污水厂碳源少的情况也有着一定的实际应用价值。

6.2 建　　议

针对于本研究进行的增强剩余污泥发酵产酸的过程，建议对以下问题进行深入研究：

(1) 进一步测定蛋白质和碳水化合物物质水解过程中各种转化物质，包括各种单糖和氨基酸等物质。

(2) 测定 RNA、DNA 等物质，从而可以确定剩余污泥颗粒的胞内溶出物等。

(3) 利用 FISH、PCR 等技术，比较碱性调节和酸性调节下剩余污泥中各种微生物种属有否区别。

(4) 除去曝气、搅拌、pH 外，进一步研究加入其他有利介质对剩余污泥发酵产酸的影响，比如一些能够抑制硫酸盐还原菌活性的物质等。

(5) 研究对比剩余污泥与初沉污泥以及两者的混合物对发酵产酸的影响。

(6) 剩余污泥发酵产生的各种 VFAs 应用于 ENR，特别是 EBPR 过程时，磷酸盐和含氮物质的变化规律，以及各种 VFAs 的利用过程。

参考文献

[1] Ghosh S, Conrad J R, Klass D L. Anaerobic acidogensis of wastewater sludge [J]. J Water Pollut Control Fed, 1975, 47(1): 30 - 45.

[2] Andrews J F, Person E A. Kinetics and characteristics of volatile acid production in anaerobic fermentation process[J]. Int J Air Water Pollut, 1965, 9(3): 439 - 461.

[3] 张自杰. 排水工程(下册)[M]. 4 版. 北京：建筑工业出版社，2000：201 - 358.

[4] Ghosh S. Improved sludge gasification by two-phase anaerobic digestion[J]. J Environ Eng, 1987, 113(6): 1 265 - 1 284.

[5] Cetin S, Erdincler A. The role of carbohydrate and protein parts of extracellular polymeric substances on the dewaterability of biological sludges[J]. Wat Sci Tech, 2004, 50(9): 49 - 56.

[6] 贺延龄. 废水的生物处理[M]. 北京：中国轻工业出版社，1998：21 - 79.

[7] 周群英，高廷耀. 环境工程微生物学[M]. 2 版. 北京：高等教育出版社，2000：165 - 216.

[8] Banerjee A, Elefsiniotis P, Tuhtar D. The effect of addition of potato-processing wastewater on the acidgenesis of primary sludge under varied hydraulic retention time and temperature[J]. Journal of Biotechnology, 1999, 72(3): 203 - 212.

[9] Jönsson K, Johansson P, Christensson M, Lee N, Lie E, Welander T.

Operational factors affecting enhanced biological phosphorus removal at the waste water treatment plant in Helsingborg, Sweden[J]. Wat Sci Tech, 1996, 34(1-2): 67-74.

[10] Lie E, Christensson M, Jönsson K, Østgaard K, Johansson P, Welander T. Carbon and phosphorus transformations in a full-scale enhanced biological phosphorus removal process[J]. Wat Res, 1997, 31(11): 2 693-2 698.

[11] Krühne U, Henze M, Larose A, Kolte-olsen A, Bay J S. Experimental and model assisted investigation of an operational strategy for the BPR under low influent concentrations[J]. Wat Res, 2003, 37(8): 1 953-1 971.

[12] Pitman A R, Lötter L H, Alexander W V, Deacion S C. Fermentation of raw sludge and elutriation of resultant fatty acids to promote excess biological phosphorus removal[J]. Wat Sci Tech, 1992, 25(4-5): 185-194.

[13] Hatziconstantinou G J, Yannakopulos P, Andreadskis A. Primary sludge hydrolysis for biological nutrient removal[J]. Wat Sci Tech, 1996, 34(2): 417-423.

[14] 王宝泉,方正. 厌氧酸化法的启动及控制因素的探讨[J]. 西安建筑科技大学学报,1997,29(2): 142-146.

[15] 李建政,任南琪. 产酸相最佳发酵类型工程控制对策[J]. 中国环境科学,1998,18(5): 398-402.

[16] 任南琪. 产酸发酵细菌演替规律研究——pH≤5 条件下 *ORP* 的影响[J]. 哈尔滨建筑大学学报,1999,32(2): 39-34.

[17] 沈耀良,王宝贞. 水解酸化工艺及其应用研究[J]. 哈尔滨建筑大学学报,1999,32(6): 35-38.

[18] 蓝梅,周琪,宋乐平,张蓓. 水解酸化——好氧工艺处理混合化工废水[J]. 污染防治技术,2000,13(1): 1-4.

[19] 朱文亭,颜玲. 污水的水解(酸化)——好氧生物处理工艺[J]. 城市环境与城市生态,2000,13(5): 43-46.

[20] 孙美琴,彭超英,梁多. 水解酸化预处理工艺及应用[J]. 四川环境,2003,22(4):

52 - 55.

[21] 赵丹,任南琪,王爱杰. pH、*ORP* 制约产酸相发酵类型及顶级群落[J]. 重庆环境科学,2003,25(2): 33 - 38.

[22] 秦智,任南琪,李建政,闫险峰. 产酸相反应器的过酸状态及其控制[J]. 哈尔滨工业大学学报,2003,35(9): 1 105 - 1 108.

[23] 邵丕红,高南飞,崔志新,聂熹. 废水高效水解酸化试验研究[J]. 长春工程学院学报(自然科学版),2004,5(1): 15 - 17,38.

[24] 杨造燕,韩维,王乐川,刘延华. 投加发酵液的侧流生物除磷工艺研究[J]. 中国给水排水,1992,8(1): 5 - 9.

[25] Yu H Q, Zheng X J, Hu Z H, Gu G W. High-rate anaerobic hydrolysis and acidogenesis of sewage sludge in a modified upflow reactor[J]. Wat Sci Tech, 2003, 48(4): 69 - 75.

[26] Li Y Y, Noike T. Upgrading of anaerobic digestion of waste activated sludge by thermal pretreatment[J]. Wat Sci Tech, 1992, 26(3 - 4): 857 - 866.

[27] Haug T R, Stuckey D C, Gossett J M, McCarty P L. Effect of thermal pretreatment on digestibility and deeaterability of organic sludges[J]. J Water Pollu Control Fed, 1978, 50(1): 73 - 85.

[28] Pinnekamp J. Effect of thermal pretreatment of sewage sludge on anaerobic digestion[J]. Wat Sci Tech, 1989, 21(4 - 5): 97 - 108.

[29] Kepp U, Machenbach I, Weisz N, Solheim O E. Enhanced stabilization of sewage sludge through thermal hydrolysis-three years of experience with scale plant[J]. Wat Sci Tech, 2000, 42(9): 89 - 96.

[30] Huang T R. Thermal pretreatment of sludges-a field demonstration[J]. J Water Pollut Control Fed, 1983, 55(1): 23 - 34.

[31] McIntosh K B, Oleszkiewicz J A. Volatile fatty acid production in aerobic thermophilic pre-treatment of primary sludge[J]. Wat Sci Tech, 1997, 36(7): 189 - 196.

[32] Barlindhaug J, Ødegaard H. Thermal hydrolysis for the production of carbon

source for denitrification[J]. Wat Sci Tech, 1996, 34(1-2): 371-378.

[33] Banerjee A, Elefsiniotis P, Tuhtar D. Effect of HRT and temperature on the acidogenesis of municipal primary sludge and industrial wastewater[J]. Wat Sci Tech, 1998, 38(8-9): 417-423.

[34] Eastman J A, Ferguson J F. Solubilization of particulate organic matter during the acid-phase of anaerobic digestion[J]. J Water Pollut Control Fed, 1981, 53(3): 352-366.

[35] Lilley I D, Wentzel M C, Loewenthal R E, Marais G V R. Acid fermentation of primary sludge at 20℃[R]. Res Rep W64, Dep Civ Eng, Univ of Cape Town, 1990.

[36] Veeken A, Hamelers B. Effect of temperature on hydrolysis rates of selected biowaste components[J]. Biores Tech, 1999, 69(3): 249-254.

[37] 金义范,金玳,庄允迪. 物理化学[M]. 北京: 高等教育出版社,1986: 307.

[38] Hulshoff P L W. Microbiology and chemistry of anaerobic digestion[C]//1st Int Course on anaerobic and low cost treatment of wastes and wastewaters, The Netherlands: IAC and WAU, 1994.

[39] Moser-Engeler R, Udert K M, Wild D, Siegrist H. Products from primary sludge fermentation and their suitability for nutrient removal[J]. Wat Sci Tech, 1998, 38(1): 265-273.

[40] Ferreiro N, Soto M. Anaerobic hydrolysis of primary sludge: influence of sludge concentration and temperature[J]. Wat Sci Tech, 2003, 47(12): 239-246.

[41] Mahmoud N, Zeeman G, Gijzen H, Lettinga G. Anaerobic stabilization and corversion of bioplymers in primary sludge-effect of temperature and sludge retention time[J]. Wat Res, 2004, 38(4): 983-991.

[42] Yu H Q, Fang H H P. Acidogenesis of gelation-rich wastewater in an upflow anaerobic reactor: influence of pH and temperature[J]. Wat Res, 2003, 37(1): 55-66.

[43] 任南琪,马放,等. 污染控制微生物学[M]. 黑龙江: 哈尔滨工业大学出版社,

2002: 301.

[44] 张希衡,等. 废水厌氧生物处理工程[M]. 北京: 中国环境科学出版社,1996: 100 - 400.

[45] Elefsiniotis P, Oldham W K. The effect of operational parameters on the acid-phase anaerobic fermentation in the biological phosphorus removal process[C]// Proceedings: ASCE Natl Conf Environ Eng, Reno, Nev, 1991: 325 - 330.

[46] Elefsiniotis P, Oldham W K. Influence of pH on the acid-phase anaerobic digestion of primary sludge[J]. J Chem Tech Biotech, 1994, 60(1): 89 - 96.

[47] Gomec C Y, Speece R E. The role of pH in the organic material solubilization of domestic sludge in anaerobic digestion[J]. Wat Sci Tech, 2003, 48(3): 143 - 150.

[48] Alleman J E, Kim B J, Quivey D M, Wquihua L O. Alkaline hydrolysis of munition-grade nitrocellulose[J]. Wat Sci Tech, 1994, 30(3): 63 - 72.

[49] Woodard S E, Wukasch R F. A hydrolysis/thickening/filtration process for the treatment of waste activated sludge[J]. Wat Sci Tech, 1994, 30(3): 29 - 38.

[50] Chang C N, Ma Y S, Lo C W. Application of oxidation-reduction potential as a controlling parameter in waste activated sludge hydrolysis[J]. J Chemical Eng, 2002, 90(3): 273 - 281.

[51] Lin J G, Ma Y S, Huang C C. Alkaline hydrolysis of the sludge generated from a high-strength, nitrogenous-wastewater biological-treated process[J]. Biores Tech 1998, 65(1 - 2): 35 - 42.

[52] Rajan R V, Lin J G, Ray B T. Low level chemical pretreatment for enhanced sludge solubilization[J]. Research Journal WPCF, 1989, 61(11 - 12): 1 978 - 1 683.

[53] Mukherjee S R, Levine A D. Chemical solubilization of particulate organics as a pretreatment approach[J]. Wat Sci Tech, 1992, 26(9 - 11): 2 289 - 2 292.

[54] Beccari M, Longo G, Majone M, Rolle E, Sarinci A. Modeling of pretreatment and acidogenic fermentation of the organic fraction of municipal solid wastes[J].

Wat Sci Tech, 1993, 27(2): 193 - 200.

[55] Lin J G, Chang C N, Hsu S L. Use of NaOH to control pH for solubilization of waste activated sludge[C]//Proceedings of the North American Water and Environment Congress, Anaheim, CA, U. S. A., Poster session Ⅱ (on CO-rom), June 22 - 28, 1996.

[56] Chang C N, Lin J G, Chiu Y C, Huang S J. Effect of pretreatment on waste activated sludge (WAS) acidification[C]//Proceedings of the 8th International Conference on Anaerobic Digestion, Sendai, Japan, Vol. 2: 1～8, May 25 - 29, 1997.

[57] Rocher M, Roux G, Goma G, Begue P A, Louvel L, Rols J L. Excess sludge reduction in activated sludge process by integrating biomass alkaline heat treatment[J]. Wat Sci Tech, 2001, 44(2 - 3): 437 - 444.

[58] Neyens E, Baeyens J, Creemers C. Alkaline thermal sludge hydrolysis[J]. J Hazardous Materials, 2003, 97(2): 295 - 314.

[59] Chiu Y C, Chang C N, Lin J G, Huang S J. Alkaline and ultrasonic pretreatment of sludge before anaerobic digestion[J]. Wat Sci Tech, 1997, 36 (11): 155 - 162.

[60] Yu R F, Chang C N, Chen W R. Appling on-line ORP for monitoring and control of aerobic biological wastewater treatment system[J]. J Chinese Inst of Environ Eng, 1996, 6(2): 165 - 172.

[61] Huang W S. The solubility and digestion propertity of applying ultrasound and alkaline to waste activated sludge (WAS)[D]. Taiwan: Master Thesis, Graduate Institue of Environmental Science, Tunghai University, 1995.

[62] Elefsiniotis P, Oldham W K. Anaerobic acidogenesis of primary sludge: the role solids retention time[J]. Biotech Bioeng, 1994, 44(1): 7 - 13.

[63] Lettinga G, Hulshoff P L W. UASB-process design for various types of wastewater[J]. Wat Sci Tech, 1991, 24(8): 87 - 107.

[64] Ghosh S. Pilot-scale demonstration of two-phase anaerobic digestion of activated

sludge[J]. War Sci Tech, 1991, 23(7 - 9): 1 179 - 1 188.

[65] Rabinowitz B. The role of specific substrate in excess biological phosphorus removal[D]. Vancouver: Ph D Thesis, University of British Columbia, 1985.

[66] Zoetemeyer R J, van den Heuvel J C, Cohen A. pH influence on acidogenic dissimilation of glucose in an anaerobic digester[J]. Wat Res, 1982, 16(2): 303 - 311.

[67] Novaes R F V. Microbiology of anaerobic digestion[J]. Wat Sci Tech, 1986, 18 (12): 1 - 14.

[68] Henze M, Harremoes P. Anaerobic treatment of wastewater in fixed film reactors-A literature review[J]. Wat Sci Tech, 1983, 15(8 - 9): 1 - 101.

[69] Skalsky D S, Daigger G T. Wastewater solids fermentation for volatile acid production and enhanced biological phosphorus removal[J]. Wat Environ Res, 1995, 67(2): 230 - 237.

[70] Elefsiniotis P. The effect of operational and environmental parameters on the acid-phase anaerobic digestion of primary sludge[D]. Vancouver: Ph D Thesis, University of British Columbia, 1993.

[71] Elefsiniotis P, Wareham D G, Oldham W K. Particulate organic carbon solubilization in an acid-phase upflow anaerobic sludge blanket system[J]. Environ Sci Technol, 1996, 30(5): 1 508 - 1 514.

[72] 李绍芬. 反应工程[M]. 北京: 化学工业出版社, 2000: 15 - 97.

[73] Rivard C J, Nagle N J. Pre-treatment technology for the beneficial reuse of municipal sewage sludge[J]. Appl Biochem Biotechnol, 1996, 57/58: 983 - 991.

[74] Shimizu T, Kenzo K, Yoshikazu N. Anaerobic waste-activated sludge digestion-a bioconversion mechanism and kinetic model[J]. Biotechnol Bioeng, 1993, 41: 1 082 - 1 091.

[75] Jorand F, Zartarian F, Thomas F, Block J C, Bottero J Y, Vilienin G, Urbain V, Manem J. Chemical and structural (2D) linkage between bacteria within activated sludge floc[J]. Wat Res, 1995, 29(7): 1 639 - 1 647.

[76] Lin H, Chan E, Chen C, Cen L. Distintegration of yeast cells by pressurized carbon dioxide[J]. Biotech Prog, 1991, 7: 200 - 204.

[77] Marjoleine P J, Weemaes W, Verstraete H. Evaluation of current wet sludge disintegration techniques[J]. J Chem Tech Biotech, 1998, 73(1): 83 - 92.

[78] Hwang K Y, Shin E B, Choi H B. A mechanical pretreatment of waste activated sludge of anaerobic digestion system[J]. Wat Sci Tech, 1997, 36(12): 111 - 116.

[79] Smith G, Göransson J. Generation of an effective internal carbon source for denitrification through thermal hydrolysis of pre-precipitated sludge[J]. Wat Sci Tech, 1992, 25(4 - 5): 211 - 218.

[80] Barlindhaug J, Ødegaard H. Thermal hydrolysate as a carbon source for denitrification[J]. Wat Sci Tech, 1996, 33(12): 99 - 108.

[81] Song J J, Takeda N, Hiraoka M. Anaerobic treatment of sewage sludge treated by catalytic wet oxidation process in upflow anaerobic sludge blanket reactors[J]. Wat Sci Tech, 1992, 26(3 - 4): 867 - 875.

[82] Yasui H, Shibata M. An innovation approach to reduce excess sludge production in the activated sludge process[J]. Wat Sci Tech, 1994, 30(9): 11 - 20.

[83] Yasui H, Nakamura K, Sakuma S, Iwasaki M, Sakai Y. A full scale operation of a noval activated sludge process without excess sludge production[J]. Wat Sci Tech, 1996, 34(3 - 4): 395 - 404.

[84] Moser-Engeler R, Kühni M, Bernhard C, Siegrist H. Fermentation of raw sludge on an industrial scale and application for elutriating its dissolved products and non-sedimentable solids[J]. Wat Res, 1999, 33(16): 3 503 - 3 511.

[85] Yu H Q, Fang H H P. Anaerobic acidification of synthetic wastewater in batch reactors at 55℃[J]. Wat Sci Tech, 2002,46(11 - 12): 153 - 157.

[86] Batstone D J, Keller J, Angelidaki I, Kalyuzhnyi S V, Pavlostathis S G, Rozzi A, Sanders W T M, Siegrist H, Vavilin V A. The IWA anaerobic digestion model No 1(IWA)[J]. Wat Sci Tech, 2002, 45(10): 65 - 73.

[87] 国际水协厌氧消化工艺数学模型课题组. 厌氧消化数学模型[M]. 张亚雷，周雪飞，译. 上海：同济大学出版社，2004：1－74.

[88] 国际水协废水生物处理设计与运行数学模型课题组. 活性污泥数学模型[M]. 张亚雷，李咏梅，译. 上海：同济大学出版社，2002：1－129.

[89] Nybroe O, Jørgensen P E, Henze M. Enzyme activates in wastewater and activated sludge[J]. Wat Res, 1992, 26(5): 579－584.

[90] Jung J, Xing X H, Matsumoto K. Recoverability of protease released from disrupted excess sludge and its potential application to enhanced hydrolysis of proteins in wastewater[J]. J Biochemical Eng, 2002,10(1): 67－72.

[91] Andreasen K, Petersen G, Thomsen H, Strube R. Reduction of nutrient emission by sludge hydrolysis[J]. Wat Sci Tech, 1997, 35(10): 79－85.

[92] Hatziconstantinou G J, Yannakopoulos P, Andreadakis A. Primary sludge hydrolysis for biological nutrient removal[J]. Wat Sci Tech, 1996, 34(1－2): 417－423.

[93] Pavan P, Battistoni P, Traverso P, Musacco A, Cecchi F. Effect of addition of anaerobic fermented OFMSW (Organic fraction of municipal solid waste) on biological nutrient removal(BNR) process: preliminary results[J]. Wat Sci Tech, 1998, 38(1): 327－334.

[94] 沈耀良，王宝贞. 废水生物处理新技术：理论与应用[M]. 北京：中国环境科学出版社，1999.

[95] Wagner M, Loy A. Bacterial community composition and function in sewage treatment system[J]. Curr Opin Biotech, 2002, 13(3): 218－227.

[96] Pitman A R. Management of biological nutrient removal plant sludges-change the paradigms[J]. Wat Res, 1999, 33(5): 1 141－1 146.

[97] 郑兴灿，李亚新. 污水除磷脱氮技术[M]. 北京：中国建筑工业出版社，1998：228－231.

[98] Comeau Y, Hall K J, Oldham W K. Indirect polyphosphate quantification in activated sludge[J]. Wat Res, 1991, 25(2): 161－174.

[99] Chen Y G, Randall A A, McCue T. The efficiency of enhanced biological phosphorus removal from real wastewater affected by different ratios of acetic to propionic acid[J]. Wat Res, 2004, 38(1): 27 - 36.

[100] Hood C R, Randall A A. A biochemical hypothesis explaining the response of enhanced biological phosphorous removal biomass to organic substrates[J]. Wat Res, 2001, 35(11): 2 758 - 2 766.

[101] Randall A A, Chen Y, Liu Y H, McCue T. Polyhydroxyalkanoate form and polyphosphate regulation: keys to biological phosphorus and glycogen transformations? [J]. Wat Sci Tech, 2003, 47(11): 227 233.

[102] Abu-ghararah Z H, Randall C W. The effect of organic compounds on biological phosphorus removal[J]. Wat Sci Tech, 1991, 23(4 - 6): 585 - 594.

[103] 沈耀良.废水生物脱氮除磷工艺设计和运行中需考虑的几个问题[J].环境可行与技术,1996,(2): 36 - 40.

[104] Comeau Y. The role of carbon storage in biological phosphate removal from wastewater[D]. Vancouver: Ph D Thesis, University of British Columbia, 1989.

[105] Eschenhagen M, Schuppler M, Röske I. Molecular characterization of the microbial community structure in two activated sludge system for the advanced treatment of domestic effluents[J]. Wat Res, 2003, 37(13): 3 224 - 3 232.

[106] Goel R, Mino T, Satoh H, Natsuo T. Enzyme activates under anaerobic and aerobic conditions in activated sludge sequencing batch reactor[J]. Wat Res, 1998, 32(7): 2 081 - 2 088.

[107] 黄懂宁.城市污泥处置概述[J].环境科学动态,1999(4): 17 - 29.

[108] 叶子瑞.国内外污泥处置和管理现状[J].环境卫生工程,2002,10(2): 85 - 88.

[109] 何品晶,顾国维,李笃中,等.城市污泥处理与利用[M].北京:科学出版社,2003.

[110] 赵庆祥.污泥资源化技术[M].北京:化学工业出版社,2002: 2 - 3.

[111] 国家环境保护总局.2004 年环境状况公报[J].环境保护,2005(6): 11 - 24.

[112] 国家环境保护总局. 2003年环境状况公报[J]. 环境保护，2004(7)：3-17.

[113] 邵林广. 南方城市污水处理厂实际运行水质远小于设计值的原因及其对策[J]. 给水排水，2000，26(5)：1-4.

[114] 邵林广. 南方城市污水处理厂工艺选择[J]. 给水排水，2000，26(6)：32-34.

[115] 张自杰. 废水处理理论与设计[M]. 北京：中国建筑工业出版社，2003.

[116] 马培舜，王海玲，成丽华，等. 昆明的城市污水处理现状及发展[J]. 中国给水排水，2003，19(4)：19-22.

[117] 周国成. 我国污水处理A/O、A2/O工艺技术在生物脱氮除磷技术的试验研究、应用与发展[J]. 化工给排水设计，1997(1)：1～11.

[118] 付忠志，邹利安. 深圳罗芳污水厂一期工程试运行简评[J]. 给水排水，2000，26(1)：6-10.

[119] Chen Y G, Chen Y S, Xu Q, Zhou Q, Gu G W. Comparison between acclimated and unacclimated biomass affecting anaerobic-aerobic transformations in the biological removal of phosphorus[J]. Process Biochemistry, 2005, 40(4)：723-732.

[120] 杨承义. 环境监测[M]. 天津：天津大学出版社，1993：174-175.

[121] David J, Michael G R, Glen T D. Manual on the causes and content of activated sludge bulking and foaming[M]. 2nd edition. Boca Raton: Lewis Publishers, 1993：26.

[122] Lowry O H, Rosebrough N J, Farr A L, Randall R J. Protein measurement with the Folin phenol reagent[J]. J Biol Chem, 1951, 153(2)：265-275.

[123] Miron Y, Zeeman G, van Lier J B, Lettinga G. The role of sludge retention time in the hydrolysis and acidification of lipids, carbohydrate and protein during digestion of primary sludge in CSTR system[J]. Wat Res, 2000, 34(5)：1 705-1 713.

[124] 北京大学生物系生物化学教研室. 生物化学实验指导[M]. 北京：人民教育出版社，1979：43-45.

[125] 国家环境保护总局《水和废水监测分析方法》编委会. 水和废水监测分析方法

[M]. 第四版. 北京：中国环境科学出版社，2002：80 - 491.

[126] Leslie G C P, Dsigger S T, Lim H C. Biological wastewater treatment[M]. 2nd edition. New York: Marcel dekker, Inc, 1999: 63.

[127] Goel R, Mino T, Satoh H, Matsuo T. Enzyme activities under anaerobic and aerobic conditions in activated sludge sequening batch reactor[J]. Wat Res, 1998, 32(7): 2 081 - 2 088.

[128] Andrew D E, Lenore S C, Arnold E G. Standard methods for the examination of water and wastewater[M]. 19th edition. Washington D C: APHA, 1995.

[129] Eriksson L, Aalm B. Study of flocculation mechanisms by observing effects of a complexing agent on activated sludge properties[J]. Wat Sci Tech, 1991, 24 (7): 21 - 28.

[130] Sanin F D, Vesilind P A. Effect of centrifugation on the removal of extracellular polymers and physical properties of activated sludge[J]. Wat Sci Tech, 1994, 30(8): 117 - 127.

[131] 戚以政，汪叔雄. 生化反应动力学与反应器[M]. 2 版. 北京：化学工业出版社，1999：290 - 342.

[132] 许吟椿，胡德保，薛朝阳. 水力学[M]. 3 版. 北京：科学出版社，1990：136 - 222.

[133] Vlyssides A G, Karlis P K. Thermal-alkaline solubilizarion of waste activated sludge as a pre-treatment stage for anaerobic digestion[J]. Biores Tech, 2004, 91(2): 201 - 206.

[134] Katsiris N, Kouzeli-Katsiri. Bound water content of biological sludges in relation to filtration and dewatering[J]. Wat Res, 1987, 21(11): 1 319 - 1 327.

[135] 廖兴树，董习靖. 物理化学[M]. 天津：天津大学出版社，1989：1 - 308.

[136] 罗康碧，罗明河，李沪萍. 反应工程原理[M]. 北京：科学出版社，2005：8 - 67.

[137] 张濂，许志美，袁向前. 化学反应工程原理[M]. 上海：华东理工大学出版社，2000：17 - 64.

[138] [美] R E 斯皮思. 工业废水的厌氧生物技术[M]. 李亚新，译；马志毅，校. 北京：中国建筑工业出版社，2001：1 - 378.

[139] Aravinthan V, Mino T, Takizawa S, Satoh H, Matsuo T. Sludge hydrolysate as a carbon source for denitrification[J]. Wat Sci Tech, 2001, 43(8): 191-199.

[140] Tanaka S, Kobayashi T, Kamiyama K, Bikdan M N. Effects of thermochemical pretreatment on the anaerobic digestion of waste activated sludge[J]. Wat Sci Tech, 1997, 35(8): 209-215.

[141] Vallom J K, McLoughlin A J. Lysis as a factor in sludge flocculation[J]. Wat Res, 1984, 18(12): 1 523-1 528.

[142] Wang G, Mu Y, Yu H Q. Response surfuce analysis to evaluate the influence of pH, temperature and substrate concentration on the acidogenesis of suctose-rich wastewater[J]. J Bioch Eng, 2005, 23(1): 175-184.

[143] Horiuchi J I, Shimizu T, Tada K, Kanno T, Kobayashi M. Selective production of organic acids in anaerobic acid reactor by pH control[J]. Biores Tech, 2002, 82(3): 209-213.

[144] Cai M, Liu J, Wei Y. Enhanced biohydrogen production from sewage sludge with alkaline pretreatment[J]. Environ Sci Tech, 2004, 38(11): 3 195-3 202.

后 记

时光荏苒，转眼到了毕业分别的季节，回想在同济的点点滴滴，对老师、同学及朋友的感激之情溢于心头，竟无法用简单的言语所能表达。

衷心感谢恩师周琪教授对我在同济的生活、学习上的关心和帮助，以及对本研究悉心的指导。您博大的胸襟、深厚的专业知识、严谨的治学态度、对学生的真诚礼待使我终身受益，是我人生路上学习的榜样。衷心祝愿您身体健康，家庭幸福美满，桃李满天下。

衷心感谢一直帮助和指点我的陈银广教授。您渊博的知识、勤恳认真的学术态度、对学生的绵绵关心使我终生难忘。我在学习上走的每一步都渗透着您辛勤的汗水与关怀。衷心祝愿您身体健康，家庭幸福美满，桃李满天下。

衷心感谢同济大学环境学院重点实验室的袁园老师、张超杰老师、李明丽老师等，感谢你们给予我无私的帮助与指点。衷心祝愿你们事业有成，万事如意。

衷心感谢在实验室并肩奋斗的师兄师姐师弟师妹们，他们是董晓丹、张军、侯红娟、邱兆富、何少林、殷峻、何蓉、赵俊明、肖凡、胡丽娟、王洪洋、李彤、余慧、姜苏、张华星、行智强、张礼平、张倩、蒋玲燕、王爱萍、刘燕、闻岳、姚枝良、赵桂瑜、张楠、陈志英、杨葆华、康铸慧、徐伟峰、张芳、高志广、黄满红、李杰、苻成泽、佟娟、马民、郑虹等，感谢他们给予我的帮助与照顾。衷心祝愿你们前途似锦，开开心心过好每一天。

衷心感谢朋友们对我生活上的关心和体贴，他们是王娟、郑黎黎、庞虹、张帆、陆志波等，衷心祝愿你们生活幸福，开心快乐。

衷心感谢我远方的家人对我的宽容与理解，特别是爱人黄鹏对我无微不至的关心与体贴以及忍耐，正是你们与我共同面对困难和分担忧愁，才能使我不断地进步和继续学业。衷心祝愿我的家人身体健康，快乐幸福。

最后，再次感谢所有帮助过我的老师、同学、朋友们，你们辛苦了，祝你们一生平安！

苑宏英